■ 酒店餐饮经营管理服务系列教材

YANHUI CEHUA YU YUNXING GUANLI

# 宴会策划与运行管理

### 李晓云　鄢赫　编著

U0241901

北京·旅游教育出版社

责任编辑：郭珍宏

**图书在版编目（CIP）数据**

宴会策划与运行管理/李晓云,鄢赫编著. —北京
: 旅游教育出版社,2014.1（2028.8重印）
酒店餐饮经营管理服务系列教材
ISBN 978 - 7 - 5637 - 2839 - 8

Ⅰ.①宴… Ⅱ.①李… ②鄢… Ⅲ.①宴会—设计②
宴会—商业管理 Ⅳ.①TS972.32②F719.3

中国版本图书馆 CIP 数据核字（2013）第 280810 号

酒店餐饮经营管理服务系列教材

**宴会策划与运行管理**

李晓云　鄢　赫　编著

| | |
|---|---|
| 出版单位 | 旅游教育出版社 |
| 地　　址 | 北京市朝阳区定福庄南里 1 号 |
| 邮　　编 | 100024 |
| 发行电话 | (010)65778403 65728372 65767462(传真) |
| E - mail | tepfx@163.com |
| 印刷单位 | 唐山玺诚印务有限公司 |
| 经销单位 | 新华书店 |
| 开　　本 | 787 毫米 ×960 毫米　1/16 |
| 印　　张 | 12.125 |
| 字　　数 | 223 千字 |
| 版　　次 | 2014 年 1 月第 1 版 |
| 印　　次 | 2024 年 8 月第 6 次印刷 |
| 定　　价 | 30.00 元 |

（图书如有装订差错请与发行部联系）

# 酒店餐饮经营管理服务系列教材
# 编写委员会

**主 任 委 员：** 杨卫武

**副主任委员：** 郝影利　李勇平

**委员**（以下按姓氏笔画排列）：
　　李双琦　李晓云　刘　敏　陈　思　余　杨
　　龚韵笙　贺学良　黄　崎　曹红蕾

# 总　序

　　中国的酒店管理教育已经走过了三十多个年头。三十多年，对于人生而言，可以讲已逾而立之年、已经走入成熟。然而，对酒店管理专业的发展而言，这么短的时间恐怕仅仅只能孕育学科的胚胎、萌芽。所幸的是，这三十多年不同于历史进程中一般的三十多年，这三十多年来，我们一直在探索着前进的方向该如何去定，脚下的路该怎么走。由此，我们的视野得以扩展，我们的信心得以强化，我们的步伐得以加快。

　　"酒店餐饮经营管理服务系列教材"就是在这样的背景下，步入了人们的视野。三十多年来，中国的酒店管理教育得到了长足的发展，但令人遗憾的是，长期以来，在课堂上讲课时，授课者能够使用的餐饮管理教材，往往以"饭店餐饮管理"的名称，将专业化程度很高的所有餐饮具体业务，在一本教材里"包圆"了。随着餐饮专业化程度越来越细、深度越来越深，一本教材包打天下的局面已经难以为继，我们这套"酒店餐饮经营管理服务系列教材"应运而生。整套教材计划出书共十五本左右，其涉及的面紧扣三大类主题：餐饮知识与技能类教材、餐饮运行与管理类教材、餐饮经营与法规类教材，力求将酒店餐饮方面的主要业务囊括进去。这套教材的层次定位为如下几个方向：高校酒店管理专业本科学生用书、高职高专学生用书、酒店行业员工在岗在职培训用书，同时，本教材也可作为餐旅专业高等教育的专业用书，及高等教育自学考试的教材。

　　本系列教材作为中国酒店教育餐饮类的细分教材，无疑是一种尝试，难免存在局限性，恳请广大专家、教师同行和其他读者提出宝贵意见，以便通过修订，使之更趋完善。

酒店餐饮经营管理服务系列教材

编写委员会

# 前言

　　任何一次精彩宴会，都涉及数以百计的细节，需要前台和后台各个部门的服务团队合作接力，任何一个环节都不能出现闪失。而宴会的策划与统筹又是决定活动成败的关键。本书在酒店宴会策划实务的基础上，结合相关理论知识，提供了出色而周到的指导方案。

　　本书首先介绍了宴会的基础知识、宴会策划与洽谈的具体流程，同时详细阐述了不同的主题宴会策划所需要考虑的细节。在宴会服务与策划的基础上，本书还从宴会管理的角度探讨了宴会成本控制的具体内容和方法，同时提供了宴会策划管理相关实例介绍。

　　本书的编撰不仅仅是两位作者将近十年的酒店大型宴会会议策划实践工作经验的总结与整理，同时还参照了目前上海市高星级中资及外资酒店宴会管理的具体方法。本书第一主编为上海旅游高等专科学校的李晓云，第二主编为四川省旅游学院（原四川烹饪高等专科学校）鄢赫。具体分工为：第1～6章主编为李晓云；第7～8章为鄢赫。本书具有定位明确、内容翔实的特点。本书紧密围绕宴会的策划、服务与经营管理，以各个主题宴会为模块，依托案例分析展开讨论，其内容实践性强，方便教学。

　　本书既可作为旅游院校旅游（饭店）管理专业、餐饮管理专业的教材，也可作为宴会策划工作者及酒店经营管理者的参考用书。

　　由于作者知识水平的限制，疏漏甚至错误之处在所难免，恳请广大读者批评指正。

# 目 录

# 第一章

# 中西宴会基础知识概述

**引 言**

无论中西宴会,其形成与发展必须要有一定的物质基础,同时也承载了不同时期和地域的文化。

本章首先介绍了中西式宴会的发展历程以及分类特点,在此基础上,阐述了现代宴会经营的特点及其在酒店经营管理中的重要地位。其次,本章重点介绍了宴会统筹人员的工作职责和要求,以及在宴会策划与服务中的重要角色和作用。

**学习目标**

● 了解宴会的特征以及中西式宴会发展历程。
● 知晓宴会经营的特点与基本要求。
● 了解不同酒店宴会部门的岗位设置情况。
● 知晓宴会统筹人员的基本职责和工作要求。

## 第一节 中西式宴会介绍与分类

### 一、宴会基本特征

所谓的宴会是指人们为了同一主题和目的而举行的餐饮聚会,在宴会中人们采用同一款菜单。在不同的社会发展阶段,宴会都是重要的社交形式之一。宴会的主要特点是以餐饮活动为中心,伴随一定的仪式活动,主要特征有以下几点。

#### (一)聚餐式

聚饮会食是宴会的形式特征。无论中西餐宴会,宾主在同一时间、同一地点品尝菜点,为了一个共同的主题而聚会饮食。不同的宴会都承载了不同群体各自的表达方式,其就餐方式、礼仪文化都体现了不同的文化内涵。

### (二)仪式化

宴会的仪式化体现在两个方面。一是宴会是人们在社会生活中约定俗成的表达方式,人们生活中逢年过节、亲友聚会、喜庆吊唁,几乎所有的官方或者民间的仪式都可以借助宴会的形式来表达。由于其仪式化的特点,宴会的目的和功能性更加突出。在酒店的宴会服务中,对宴会各个环节的设计要求也更高。具体表现在宴会的菜单上,由于菜单是主人事先定好的,因此菜单更能突出宴会的规格和主题,对服务的要求也更高。此外,无论中西宴会,对宴会场景布置、宴会出菜节奏掌控、员工形象选择、服务程序配合等方面都要统筹考虑。

饮食是礼仪的外在表现形式,仪式化还体现在宴会中人们对礼仪的要求。宴会礼仪涵盖了方方面面,包括着装礼仪、餐具使用礼仪,如刀叉使用礼仪、筷子礼仪等;此外,还有祝酒礼仪。与会的客人往往更加注重宴会中的行为举止,无论古今中外,人们都认为餐桌是观察一个人是否有良好教养的最好地方。

### (三)社交性

社交性是宴会的社会特征。宴会作为人与人之间的社交活动形式,在人类社会中是不可或缺的。古往今来,宴会的影响渗透到社会生活的各个领域,大至国际交往,小至儿女情长,各个时代、各个地域、各个民族都可以选择宴会作为一种情感以及礼仪的表达方式。

此外,从宴会的不同用餐形式、服务方式中可以看出社会发展水平,同时宴会也折射出不同时期社会习俗、规范的具体要求。宴会既是观察社会习俗的绝好机会,也是人们之间交往的工具。

## 二、中式宴会发展历程

### (一)中式宴会起源

宴会形成与祭祀活动和礼俗节庆有密切的关系。在人类社会发展的初级阶段,对未知的恐惧使人们期望通过祭祀的方式来安抚灵魂。因此,自然崇拜、图腾崇拜成为人们生活不可或缺的一部分。逢大祀,要奏乐击鼓,诵诗跳舞,礼仪隆重。祭祀完毕,若是国祭,君王将祭品分赐给参加祭祀的大臣与宾朋;若是家祭,亲朋好友便会聚集在一起分享祭品,于是祭品转化为筵席上的菜品,礼器演变成筵席餐具,筵席初具雏形。

礼俗是促进宴会进步的动力。自古以来,中国社会都十分重视礼俗,如敬事神鬼的"吉礼",朝聘过从的"宾礼"等。还有延续至今的一些礼仪,如婚庆喜事的"嘉礼"、孩子出生行"洗礼",祝寿行"寿礼",辞世行"丧礼"等。行礼必要设宴,所以古代宴会的形成与古代各种礼俗有着密切的关系。

节日节会是传承宴会发展的纽带。古代人们每年在季节的转换、年岁的更替等一些特别日期举行庆祝或纪念活动。这些活动中除必要的仪式外，聚餐活动也是核心内容之一。

### (二)我国宴会发展历史

#### 1. 孕育雏形时期

据说，夏以前宴会只是祭祀后的一种聚餐。禹死后，他的儿子启使用武力把伯益赶到箕山，然后在钧台(今河南禹县北门外)举行盛大宴会，宣告由他自己接任王位，建立了夏朝。中国王位传承的历史由禅让制开始转变为世袭制，也使举办宴会从单纯的聚餐变成了为达到某种目的而采用的一种方法、手段与工具，开创了有目的的举办宴会的先河。

殷人尚好祭祀，宴会主要是为祭祀而设，所以甲骨文中有许多祭典名称，诸如衣祭、翌祭、侑祭、御祭等，名目繁多的祭典实际上是一次次宴会。

周朝时期，周人对鬼神敬而远之，宴会祭祀色彩逐渐淡化，与此同时，周朝还制定了一整套的宴席制度和礼仪规格。例如，宴席菜肴制度、献食制度以及宴会接待程序。宴席菜肴制度是指菜点数量的多少表示宴会的等级差别；而献食制度则是贵客和尊主进食，都由自己的妻妾举案献食或由仆从进食，吃一味，献一味，一味食毕，再献另一味。宴会接待程序包括了谋宾(确定名单)、戒宾(发柬邀请)、陈宾(布置餐厅)、迎宾(降阶恭候)、献宾(敬酒上菜)、作乐(唱诗抚琴)、旅酬(挽留客人)、送宾(列队乐奏)以及次日客人登门答谢等内容，为我国宴会礼仪打下了基础，如今发邀请函、门厅迎宾、贺词敬酒、送客等礼仪还在沿用。

春秋战国时期宴席已有明显的设计的痕迹。《礼记》中记载的先饮酒，再吃肉菜，而后吃饭的宴会上菜程序已和现今大致相同；同时，对菜肴摆放位置也有讲究。

#### 2. 逐渐发展时期

秦汉时期，宴会在餐位、气氛、礼仪以及菜点的质与量上不断演进，器物由青铜器具向轻薄的漆器发展。西域的坐具——马扎子传入中原，在其启发下，宴席由席地而食发展至入席对坐、凭桌而食。宴会中也有专职侍者斟酒分菜，有乐伎表演歌舞。同时，民间礼乐宴请之风也很兴盛。

魏晋南北朝时期，出现了类似于矮几的条案，改善了就餐环境与条件；漆器餐具大量使用，也为摆台艺术提供了条件。与此同时，宴会名目增多，种类也多样化，其社交功能也进一步增强。

#### 3. 逐渐成熟时期

隋唐五代时期有了新的就餐形式。首先是宴席不再席地宴饮，而改用矮条桌、交椅铺桌帷、垫椅单，铺地的筵席也逐渐提升到了桌上，成了围桌的桌帏，把草编制品变成了布制品。开始使用瓷器餐具。贵家饮宴，实行一人一桌一椅的一席制，每个席面上各置食馔数篑,这是分食制的雏形。

由于经济的发展,宴会类型也更加丰富。唐中宗时期出现了大臣封官后向皇帝进献烧尾宴的惯例,菜肴品种多达五十多道,为以后历代大宴奠定了基石。菜肴选料也更加广泛。乡土风味宴层出不穷。

宋元时期,人们对饮食比较讲究,还出现了专管民间吉庆宴会的"四司六局"管理机构。

#### 4.成熟时期

明朝时期的宴会已经非常成熟了。首先是宴席名目繁多、形式各异,如庆官宴、寿辰宴、节日宴、观灯宴等。其次是宴席注重套路、气势和命名,讲究礼仪和气氛。桌椅的出现、家具的完善、餐具的配套使用,使宴会的礼仪规格有更多讲究,甚至出现了对号入座的"席图"。

清朝的宴会更加强调席面编排、菜肴制作、接待礼仪和宴会情趣。宴席菜肴的结构也分佐酒冷碟、热炒大菜、主食鲜果等。随着各种地方菜系的形成,产生了很多特色宴会。

历史上最著名的中华大宴——满汉全席,兴起于清代,是集满族与汉族菜点之精华而形成。满汉全席以燕窝、鱼翅、烧猪、烤鸭四大名菜领衔,汇集了四方异馔和各族珍味,被称为"无上上品";其技法偏重于烧烤,因而又名"大烧烤席"。

总之,据史料记载,我国传统宴席源于夏,兴于隋唐,全盛于明清。尽管历朝历代社会的规范和礼仪有着不同的表现形式,但无论宴席形式的繁与简,都有着目的性、社交性和仪式化的特点。

## 三、西式宴会发展历程

### (一)西餐宴会发展历史

西式宴会的形式最早起源于古罗马。参加宴会的人士都是富有的罗马人,且都是男子。这些富有的罗马人都拥有自己的宴会厅。最早的宴会餐桌上只有唯一的餐具——勺子,因此侍者不必摆台;餐桌上也没有折叠的餐巾,每位与会客人都自己带着布巾擦手。

罗马帝国的缔造者奥古斯都大帝在公元前27年赋予妇女在社会中的正式地位。他允许妇女随丈夫出席宴会。

在公元前1000年到公元1500年,旅行者可以在法国或英国的小客栈停留得到食物,每个人得到的是同样的食物,至今人们仍然将这种食物供应方式称为套餐。

1533年,拉杜阿让(La Tour d'Argent)在法国巴黎开业。这是西方历史上第一家面向公众开放的餐厅,客人可以在这家餐厅从菜单上点自己喜欢的饭菜。

15 世纪中叶的文艺复兴时期,饮食文化也以意大利为中心发展起来,在贵族举办的各种宴会中出现了新的菜点,闻名至今的空心面就是那个时候出现的。到了 16 世纪中叶,法国安利二世王后卡特利努·美黛西斯喜欢研究烹饪方法,她从意大利雇用了大批技艺高超的厨师,在贵族中传授烹饪技术。她的这一举措不仅使烹饪技术流传开来,而且也使法国的烹饪业迅速发展。后来,法国有位叫蒙得弗的人举办宴会时,让管家把宴会的全部菜品事先写在羊皮纸上,宴会开始前放在每个位置前面。据说,这是西餐菜单的最早雏形。

1638—1715 年,法国国王路易十四在宫廷内举办烹饪大赛。一次宫廷宴会的菜肴往往达 64 种之多。在宫廷的影响下,上层社会盛行大摆筵席之风,当时的菜单上已经有冷盘、汤、肉食、禽类、水果等,菜肴品种已经具备现代西餐的雏形。

**(二)西餐餐具的历史**

**1.西餐餐刀餐叉的历史**

据记载,公元前 5 世纪,在古希腊的西西里岛上,人们已经在饮食中逐步发展出了先进的烹饪文化,煎、炸、煮、焖、熏等烹调方法均被人们不同程度地使用。同时,技术高超的厨师享有很高的社会地位。但是,当时人们的用餐方式仍然以抓食为主,现在的西餐餐具如刀、汤匙等都是由厨房的工具演变而来的。15 世纪时,出现了餐桌公用的餐刀。17 世纪时出现了个人用餐刀。那时的餐刀不仅是人们的餐具,同时也用作防卫工具。因为中世纪时期充满危险,身处异乡光顾客栈的人不知道是否会有危险发生。因此当他们进餐时,必须把刀具放在餐桌的右手一侧。之所以放于右手一侧,是因为大多数人都习惯用右手,刀具放在右侧很容易拿起来自卫。

17 世纪时,餐刀仍然有锋利尖头。据说,法国的政治家迪纳尔·瑞彻尔在路易十四时代是一个非常有权势的人物。有一次,他在餐厅进餐时发现邻桌的客人正在用刀尖剔自己的牙。于是他下令将餐刀的尖头改成圆头,圆头的餐刀一直沿用到现在。

大叉子原来只在厨房使用,15 世纪,为了改进用餐姿势,西餐中开始使用双尖的叉。因为用刀把食物送进口里不雅观,叉住食物送进口中显得更优雅些。但叉的弱点是离不开用刀切割食物。到 17 世纪末,英国上流社会开始使用三尖的叉,18 世纪才有了四尖的叉。从餐具的发展历史来看,西餐中使用刀叉大约只有四五百年的历史。

**2.西餐用具的历史**

在青花瓷传入欧洲前,西餐的用具只有金属器皿和玻璃器皿、软质陶瓷。中国瓷器以其淡雅、精美的特点受到欧洲人的喜爱。1710 年,德国出现了欧洲最早的瓷窑——曼斯窑。接着英国、丹麦等国家在瓷器的造型和质地上不断更新,瓷器餐具在西餐中也成为必不可少的用具之一。

### 3. 餐巾的历史

餐巾在古罗马时代就已经出现了。在15—16世纪的英国,因为还没有发明剃须刀和餐刀,男人用手抓食,手弄得非常油腻,胡子上和衣服上也会弄脏,家庭主妇们由此想了个办法——在男人的脖子下挂一块布巾,这就是最初的餐巾。但是这种大块的布巾使用起来非常不方便。有个裁缝就把餐巾做成一块块方形巾,从而逐渐形成了现在宴会中使用的餐巾。

追溯西餐餐具的历史可以发现,19世纪西餐餐桌上的规矩与现在大致相同,第二次世界大战后才出现了许多新的餐具,而且必须配套使用,并有着严格的摆放及使用方法。

## 四、宴会的分类

### (一)按宴会菜肴的组成形式划分

#### 1. 中式宴会

中式宴会的菜肴以中式菜品和中式酒水为主,宴会的环境气氛、台面设计、餐具用品、就餐方式等反映出中华民族传统饮食文化气息。例如,最具代表性的餐具是筷子,餐桌为圆桌,就餐方式为共餐式、民族音乐伴奏等,凸显出浓郁的民族特色。此外,中餐的菜肴一般由冷菜、热菜、汤、点心、水果等组成。

#### 2. 西式宴会

菜点以欧美菜式为主,饮品上选择各式洋酒,环境布局设计所选择的颜色也与中式传统宴会的红色、金色等不同,西式宴会更倾向于选择冷色调,如白色、灰色或黑色等。餐桌多为长方形,餐具使用刀、叉等;采取分食制等。

西式宴会根据菜式与服务方式的不同,又可分为法式宴会、俄式宴会、英式宴会和美式宴会等。

随着我国经济的快速发展,酒店中的宴会已经越来越具有中西合璧的特点。最为典型的例子就是在现在我国大多数酒店举办的婚礼仪式。婚宴中提供的都是中式菜肴,中式传统的台面布置和行礼要求,但是在婚礼的仪式中也包含了西式的新人走红毯、交换戒指的环节。此外,为了开拓市场,很多酒店都对西餐菜肴进行了部分创新和改造。例如,有的酒店的西餐采用了当地的特色原料,烹饪方法上也有中西融合的特点。在服务方式上,中西宴会的服务方式也在不断融合。"中餐西吃"即用西餐的服务方式为客人提供中餐菜肴,在当下的酒店中也非常受欢迎。

总而言之,任何一种文化都不是一成不变的。中西菜肴各有特色,重要的是酒店如何在调整宴会菜肴的组成、适应市场需求变化的同时,给客人带来一种不同的就餐体验和消费体验。

### （二）按宴会的接待规格划分

#### 1. 正式宴会

即在正规场合举行、礼仪程序严格、气氛热烈隆重的高规格的宴会。有时安排乐队奏席间乐。宾主均按身份排位就座。对宴会场地布置、餐具、酒水、菜肴的数量及上菜程序、时间等有严格规定。

国宴是由国家元首、政府首脑为国家重大庆典，或外国元首、政府首脑来华访问，以国家名义举行的最高规格的宴会。此类宴会的请柬、菜单及座位卡上均印有国徽，宴会厅内悬挂国徽和国旗。宴会开始时奏国歌，席间安排乐队演奏，对菜肴、服务、场地布置等均有较高的要求，是宴会服务的最高规格和标准。

除国宴外，正式宴会还有公司的年会、政府部门的答谢会等。正式宴会中对礼仪和服务的要求都比较高。

#### 2. 休闲宴会

休闲宴会的主要形式有婚宴、生日宴（寿宴）、节日宴、纪念宴等，是以个体与个体之间情感交流为主题的宴会，与公务和商务无关，主办者和被宴请者均以私人身份出现，表达各自的思想感情和精神寄托。宴会的菜单设计更需要突出个性化的需求，服务不拘泥于形式，更倾向于为客人创造轻松、愉悦的就餐环境。

例如，招待宴会或告别宴是人们为了给亲朋好友接风洗尘或欢送话别而举办的宴会。接风洗尘宴要突出热烈、喜庆的气氛，体现主人热情好客以及对宾客的尊敬与重视；围绕友谊、祝愿和思念的主题来设计。

酬谢宴，有谢师宴、升迁宴等。通常是学生毕业或学徒满师，新生活将要开始的时候，为了表达对老师、长辈的感激而举办的宴会。

### （三）其他宴会类型划分方法

我国幅员辽阔，风俗各异。宴会还可以按原料分，有全席宴或素宴。全席宴指宴席的所有菜品均以一种原料，或者以具有某种共同特性的原料为主料烹制而成，如全鸡席、全鸭席、全猪席、全牛席、全羊席、全鱼席、全素席、豆腐席等。有时特指"满汉全席"。

素宴是指宴会中的菜品均由素食菜肴组合而成，是一种特殊的宴会形式。在消费者越来越注重健康的消费理念背景下，素宴也是非常重要的一个有待开发的市场。素宴在我国部分宗教信仰人士中也是颇受欢迎的。

此外，按照季节来分，宴会又可以根据不同的节气和节日分为迎春宴、中秋佳节宴、除夕宴、圣诞宴等。

# 第二节　宴会部门的地位、任务和经营管理特点

## 一、宴会部门的地位、任务

在餐饮服务中,尽管宴会部门也同样向客人提供菜肴、酒水饮料产品服务,但其主要功能与任务和酒店的其他餐饮服务部门不尽相同。从酒店产品角度看,宴会厅功能较多,能根据客人要求提供多样的经营活动,涉及的服务内容有舞台、视听设备、会议设备、宴会演出等。通常宴会部门不但要保证住店客人的使用,还要承办百分之七八十以上的以当地客人为主的非住店客人的餐饮活动。

### （一）宴会经营能够提高酒店的知名度

宴会活动并不是以用餐为唯一目的,大多数伴随商业、社交需要举行的,规格较高的主题宴会活动常常成为新闻报道的内容,且与会嘉宾也经常成为传统媒体或网络追踪关注的焦点,这些都很好地提高了酒店的知名度,扩大了酒店的声誉。

### （二）宴会业务影响酒店整体经营

餐饮是酒店利润的主要来源之一,而宴会营收的毛利率高已成为业内不争的事实。宴会厅营业面积大,接待人数多,对酒店整体经营影响较大。尤其当宴会厅的经营面积占到酒店全部餐饮经营面积的35%~50%时,宴会营收有可能成为餐饮创收的主力。

## 二、宴会部门的经营特点

越来越多的酒店都将宴会的销售和服务作为餐饮经营管理的重点,原因之一是宴会的盈利较高,宴会系列的餐饮活动能大大提高酒店的营收,特别是宴会的销售利润一般都在35%~40%,而酒店零点餐厅的利润水平较高时大多也仅维持在10%~18%,宴会业务对酒店的整体获利能力有很大贡献。与零点餐厅的经营特点相比较,宴会部门的经营特点主要有以下几点。

### （一）成本控制优势

**1.食品成本更易控制**

首先,宴会活动需要提前预订,且用餐大都有最低保证数,酒店只需根据宴会菜单采购客人预订的食品原料,浪费现象可以大大减少;而零点餐厅是连续性经营,很难预测客人的上座率,后厨无法相对准确地预测每道菜肴的销售量,要根据零点餐厅的座位数及上座率准备标准数量的食品原料来满足客人的需求,会有供不应求或供过于求的现象,导致食品原料浪费或周转较慢,造成损失。对不需要提前预订的零点餐厅,由于难以预测上座率,其食品成本更加不易控制。

此外,宴会菜单中的酒水饮料定价灵活,可以与宴会套餐一起销售,利润较零点餐厅更高。

因此,从食品成本以及酒水饮料成本两方面来看,宴会的经营管理较零点餐厅更具优势。

**2.人力成本可预测**

与宴会部门的营收相比,其人力成本比例相对较低,主要原因在于其人力成本的可预测性。由于宴会出租率及宴会服务的特点,酒店宴会部门的正式编制员工人数比例相对其他部门小,宴会部经理可以根据预订的宴会规模和服务要求提前安排员工数量,很多的宴会部门会根据预订计划安排兼职员工,降低了人力成本。此外,很多酒店还实行弹性工作制,尽量使正式在编员工的人力成本得到很好的控制。

零点餐厅则需要根据座位数、菜肴的风格、上座率安排每天、每班次的服务人员,一般来说每天的员工数量都是固定的;同时为照顾到零点客人的个性化需求,零点餐厅的员工大多为酒店固定员工。即使在经营淡季,餐厅也必须保证一定数量的常备员工队伍。零点餐厅的这种人员配置模式可能导致劳动成本增长而影响经营利润。

**(二)宣传和销售优势**

**1.服务可预见性**

只要与宴会的主办方有良好的沟通,宴会中因服务质量原因发生投诉的概率较零点餐厅少。因为宴会客人服务要求的可预见性以及对个性化服务要求相对较低的特点,加之酒店方能够提早获得更多、更有利于为客人服务的信息,如宴会的标准、参加宴会的人数、宾客喜好、宴会结束和开始的时间等,使对客服务需求预测更为准确。服务的可预见性为高质量的宴会服务提供保障,同时一次成功的宴会活动会为酒店经营做范围更广的宣传。

**2.宴会的广告和销售都优于零点餐厅**

一次与众不同的宴会可能令顾客难忘,增加其日后到酒店消费的机会,甚至会使一些与会嘉宾决定成为酒店宴会厅的回头客。调查显示,零点餐厅要吸引100名客人前来用餐,花费的宣传以及广告费用可能占到餐厅总营业额的3%~7%;而宴会部要得到100人的生意,也许锁定一名或两名关键客户即可取得事半功倍的效果,加之活动前有充分准备,提供的食品和服务质量可能高于零点餐厅,更接近客户的期望值,这又增加了潜在客户的数量。

此外,宴会活动因涉及服务内容较多,需要各个部门的通力配合,与会客人了解酒店、体验酒店服务的机会增加,无形中也为酒店做了宣传。

**(三)宴会活动对酒店经营的不利影响**

宴会活动与零点餐饮相比也有其不利的因素。例如,宴会活动尽管营收较高,但宴会厅的全年出租率较低,每一次宴会活动的主办方用于场地搭建布置的时间、活动结束后清场及打扫时间相对较长,可能导致宴会厅一天只能出租一次,最多每天两次;而一家生意兴隆的零点餐厅的座位周转率在高峰时期可能是每天4~8次。

此外,宴会活动参与人数多,影响范围广,一旦有食品质量或服务质量问题,对酒店的声誉影响很大;如果由于组织协调不当而引起安全事故,会造成难以挽回的局面。

### 三、宴会部门人员管理特点

由于酒店的经营定位不同,宴会部门的组织机构设置情况各异。在本节中主要介绍宴会现场服务人员的管理特点。

#### (一)影响宴会部门人员配备的因素

首先,酒店的星级标准是影响宴会部门人员配置的第一要素。消费者总是对星级较高的酒店服务抱以更高的期望值,即使在一场规模盛大的宴会中,也希望得到很好的服务。

其次,即便是同等星级的酒店,其宴会目标市场定位也是影响人员配置的重要因素。例如,以婚宴为主要市场的宴会相对于以商务客为主要市场的宴会,在员工数量上会减少。同样,以高规格宴会为主的酒店其人员配置要优于中低档宴会的人员配置。

再次,服务人员的素质和部门管理也是决定人员配置的因素。一个合格、高效的宴会服务与管理团队,会极大地提高宴会部门的工作效率。宴会部门所设计的工作流程和操作标准也非常重要。宴会部门的劳动定额,即根据酒店所执行的服务标准以及产品质量标准、工作难度等内容来制定的一定时间的工作量,也是重要的影响因素。

最后,宴会菜单的服务标准、后厨的设备条件以及各个酒店的淡旺季经营季节,也是影响宴会部门人员配置不可忽视的因素。

#### (二)宴会部门人员管理要求

**1. 科学分工**

这是宴会部门人员合理配置的基础,也是防止宴会部门大规模人员流动造成服务质量不稳定的关键因素。分工专业化是提高宴会厅工作效率的根本因素。例如,在宴会服务人员岗位中,应分设搬运服务人员、现场服务人员、音频视频服务人员以及后勤人员。其中,搬运组对降低部门中服务人员的工作量有很大帮助。宴会厅之所以劳动强度大,很重要的一个原因是需要场地翻台。服务人员在重体力劳动之后再去传菜或为客人提供酒水服务,很难保证员工的良好心态。而搬运组实行日班制为主,只负责宴会场地台型的摆放,既节约人力又有利于现场服务人员的安排。因此,宴会部门人员的科学分工是提高工作效率的基础。宴会服务从某种意义上说不同于包房服务,追求小范围内的个性化服务。宴会服务更需要考虑怎样高效、及时服务团队客人,需要管理人员统筹安排、科学分工。

**2.合理排班**

合理地配备宴会部人员数量是提高劳动生产效率、满足宴会部门生产经营的前提。宴会的排班表就是宴会的人力成本表。合理的排班制度不但确保服务质量,同时也能充分发挥员工的积极性。

目前,酒店宴会部门针对不同岗位的工作性质和特点,主要采取分班制、弹性工作制以及外聘兼职工三种排班方式。

分班制多适用于宴会的预订、统筹人员以及管理岗位。分班制要考虑班次与班次之间的衔接,最好有严格的交接班制度和每一班次明确的工作任务,把人力资源放在最佳经营时段。

宴会服务人员多实行弹性工作制。宴会预订较多,排班人数多;宴会场地出租率低,服务人员排班人数相对少。

外聘兼职人员或计时工制度也是宴会场所出租旺季,很多酒店采用的用工制度。兼职人员或计时工的招聘渠道有两方面:一是在酒店内部招聘,各部门有意向做兼职的员工可在人力资源部门登记,需要招人时首先考虑自己酒店内部员工;二是酒店与用工中介签订合同,由中介公司根据酒店不同时间段的需求安排兼职人员。宴会厅的工作时间通常较长,劳动强度分配不均匀,兼职员工是解决宴会厅人力资源紧张的较好途径。

无论采用何种排班方法,都要尽可能地做到公正、公平,既要最大限度地发挥员工的潜力,又要考虑员工的个人因素,照顾到员工的承受力和客观存在的困难。

# 第三节 宴会部门的组织机构设置与岗位职责

宴会经营灵活多样的特点使其经营管理与餐厅不同,因此酒店必须根据宴会的业务特点建立良好的、高效运转的宴会部门组织机构。

作为直接面对客户服务的一线部门,宴会部的组织机构和岗位职责要根据酒店宴会业务的规模、等级、经营要求、生产目标来设立。

## 一、宴会部门组织机构设置原则

### (一)按需设岗

这里的"按需设岗"包含两层意思,一是根据酒店的业务需要设置岗位;二是根据业务流程需要设置岗位。

根据酒店的业务需要或业务员比重设置组织机构是酒店宴会部门组织机构设置最常用的方法。酒店宴会部门的业务内容包括宴会预订、宴会场地查看、宴会场地搭建、宴会现场服务、部门日常管理、器皿管理等。尽管工作内容差异不大，但不同的酒店的餐饮经营各有特色和侧重点，在设立宴会部门的组织机构时应依据实际经营情况。

宴会部门的组织机构设置主要受到三个因素的影响，即宴会厅场地大小、宴会经营的市场环境、宴会经营的专业化程度。例如，有的酒店宴会厅场地大，宴会部门的营收占整个餐饮部门营业额的三分之二甚至更多，酒店通常会设置"宴会部经理"一职，直接向餐饮总监汇报工作。有的酒店由于宴会场地规模较小，宴会业务在餐饮部门的经营中所占比例较小，在这种情况下，酒店可能会设置"餐饮主管"一职来负责宴会业务。而一些以宴会经营为主要特色的酒店会由"大型活动部经理"，甚至驻店经理来负责宴会部门的业务。即使是同一家酒店也会根据不同时期的市场定位以及市场状况、销售策略改变等情况来调整宴会部门的组织机构设置。

根据业务流程需要设置岗位，即管理中所说"因事设岗"，避免"因人设岗"或"因人设事"，不能出现可有可无的职位。宴会部门的工作内容繁杂，如果员工与管理层之间没有快捷、正确的信息沟通渠道，就会出现人浮于事或人手不够的现象。按照业务流程需要设置岗位可以使人员精干高效。

**（二）层级合理**

宴会部门的组织结构必须建立在保证部门内部及与其他部门之间的信息交流畅通，保证各个组织层级之间有快捷、正确的信息沟通渠道的基础上。从某种意义上来说，在服务行业中，信息的传递速度是决定服务质量的关键。因此，宴会部门的组织结构，应尽可能缩短指挥链、减少管理层级；给每个职位配置合理的工作量，使各个组织层级的员工能够"人尽其才"，最忌讳"因人设岗"。合理的管理层级能够提高效率，保证效益。

**（三）逐级授权，责权分明**

授权是减少和避免摩擦，使各项工作指令得到顺利实施的重要管理方法。宴会部门的组织机构设置要做到逐级授权、分级负责，责权分明。一个管理者的指挥幅度，即其指挥和带领的团队人数，不应超出其实际能力。

此外，宴会部门每个岗位都应该对应明确的权利层次，使每一位员工清楚自己的职权范围，避免在工作中有责权不明或责权重叠的管理环节，保证工作效率。

对酒店管理者来说，宴会部门的组织机构设置并不是孤立的，而是相互联系、相互影响的。因此，在设置宴会部组织机构时，要以酒店的实际情况为出发点，以经营和服务为中心，围绕宴会的服务来设立部门的组织机构。

## 二、宴会部门的组织机构模式

### (一)宴会部门的组织形式与作用

宴会的组织机构设立原则是要根据酒店的业务比重、层级管理以及授权来实现合理分工,其目的是一致的,即提供优质、高效的宴会服务,获取营业利润。

**1. 酒店宴会部门不同的组织形式**

随着近几年中国经济的发展和宴会经营市场环境的变化,宴会经营的专业化程度也越来越高,酒店可能会根据不同时期的市场状况和酒店定位来调整宴会部门组织结构。一家酒店的组织结构形式从某种程度上反映了经营者的管理思想,而宴会部门的组织结构通常也能够反映出其在酒店经营管理中的地位与作用。

根据目前国内的中资、外资星级酒店的情况,宴会部门的组织结构形式主要有以下三种:一是宴会部隶属于餐饮部门,由主管级管理人员负责宴会服务;二是设立独立的宴会部门,由宴会经理负责,属二级部门;第三种情况是酒店的多功能场地较多,餐位数多,酒店经营以宴会或会议活动为主要特色。在这种情况下,多数酒店设立"大型活动部",由部门总监负责,向总经理直接汇报工作;由"宴会或会议统筹"或称"活动统筹"人员全程负责宴会活动。

概括来讲,酒店宴会部门的组织形式有两种情况,即"不设宴会部"和"专设宴会部"。中小型酒店大多不设宴会部门,其工作的主要职责是进行宴会销售、承接预订以及业务的信息管理工作。大型酒店多设立独立的宴会部门,与餐厅、厨房、管事部门共同承担酒店餐饮管理与服务工作。

**2. 宴会部门的组织结构形式的重要性**

首先,组织结构形式是组织内的员工了解工作命令的途径,组织内的每一位成员都知其所属而遵循指示;与此同时组织内的成员还会通过机构图了解自己的工作职责及与其他员工的相互关系,明确自己在组织中的地位。最后,组织结构图显示了团队内的成员晋升途径。对酒店管理者来说,部门的组织机构图也为员工的甄选、人事考核、确定薪资结构以及人才的培养方向提供依据。

### (二)宴会部门组织机构图

概括来讲,宴会部门的组织机构有三个层次,即业务组、服务组和生产组。业务组负责酒店宴会业务的预订、接洽、销售、宴会客户维护和开发,在大型酒店中由宴会统筹人员来负责;服务组的工作包括了宴会场地的布置、宴会的现场服务以及宴会物品的清洁与保管等;宴会生产组的工作通常指后厨的菜单设计与菜肴加工烹调。也有的酒店把宴会部门分为业务部和执行部,相互配合。把宴会部门的组织结构分为宴会业务组、服务组以及生产组的做法更多地考虑了大型宴会的特点,也方便在本书中分模块进行介绍。

## 三、宴会部门各岗位职责

### （一）制定岗位职责的作用

编制岗位职责说明，能使部门各层级、不同岗位上的人员都明确自己在组织中的位置、工作范围和工作职责，知道工作范围和向谁负责，接受谁的工作督导，以及在工作中需要具备的生产技能。因此，在确立组织结构后就必须将各岗位的职责以"岗位职责说明书"的形式予以明确。

此外，对酒店来说，岗位职责说明书也是衡量和评估各个岗位工作质量的重要依据，是工作中进行相互沟通、协调的参照。岗位职责说明书也是部门规章制度的体现以及影响规章制度执行好坏的重要因素。而针对不同的市场状况及客源特点，组织机构的设置情况应有所区别，部门的职责说明及工作规范也不尽相同。

### （二）职责说明书的内容

宴会部门各岗位的职责说明书应该包括以下两方面内容。

#### 1. 工作分析

工作分析是指从酒店经营目标和业务流程角度出发，全面、系统地对某一岗位的设置目的、岗位职责、工作内容、工作关系进行描述，同时对任职岗位的员工的素质要求进行分析。具体内容包括：任职者需要完成的工作内容和标准，任职者完成工作的方法与程序，任职者需要具备的素质，任职者的工作环境以及上下级沟通的对象。以上是进行工作分析时必须要考虑的重要内容，这之后根据酒店经营的特点进一步细化，才能拟定出全面、完整、详细的职责说明书。

#### 2. 工作说明

工作说明主要包括工作描述和工作规范，概括地说，即是解释了"是什么"、"为什么"和"怎么做"的书面说明。"是什么"即工作的综述或业务流程的概括；"为什么"说明了工作的重要性以及相关的影响；"怎么做"是工作的标准和要求。

### （三）宴会部门岗位职责与要求

由于酒店所处的市场环境以及各自的发展定位不同，本节中以设立独立宴会部门并隶属于餐饮总监领导的宴会部经理的岗位职责与要求为例，列举其详细工作说明书，供参考。宴会部门其他岗位说明书，如宴会部门预订员、宴会服务经理以及宴会领班、服务人员要求，则根据酒店宴会经理的工作说明书以及酒店授权情况参照制定。

#### 1. 宴会部经理工作职责

根据餐饮部门的经营指标，制订落实宴会部不同时期的工作计划，协调部门内部及各平级部门的资源，完成宴会接待任务；负责宴会部门的成本控制，实现营收目标。

（1）对餐饮总监负责，接受总监工作安排与考核；

（2）设计宴会产品，制订和改进作业方案，确保宴会服务质量与标准；

（3）进行部门工作安排，逐级授权，检查、督导、调整各项工作，确保宴会部门经营业务正常、有序开展；

（4）全面了解酒店经营政策，熟悉酒店的规章制度，与各相关部门建立良好的沟通与工作关系；

（5）进行客户关系管理，协调跟踪调整宴会的预订情况，及时掌握市场情况；

（6）控制宴会部门的各项成本，控制人力资源成本，负责部门培训。

**2. 宴会部经理能力要求**

（1）了解食品安全法和酒店的食品价格政策；

（2）有组织、协调、督导宴会服务任务的能力；

（3）了解酒店突发事件的处理程序与要求；

（4）有能力制订宴会的菜点推销方案，制定大型宴会活动的工作预案；

（5）负责酒店宴会部门服务质量标准以及服务程序的制定。

**3. 宴会部经理职业素质要求**

（1）热爱酒店行业，有积极向上的工作态度和进取精神，对行业有成熟的判断能力以及正确的宾客服务观念；

（2）性格乐观，善于沟通，得体接待客户，与酒店同事合作愉快；

（3）学习创新，愿意接受新事物，并乐于积极根据环境调整自己的学习理念与思路；管理上能取长补短，懂得不断调整观察和解决问题的视角，愿意带领团队尝试新的工作方法。

# 第四节　宴会部门统筹岗位职责与要求

随着市场竞争和环境的不断变化，现代酒店根据其宴会业务对经营的作用与影响，倾向于将宴会部门从餐饮部门中独立出来，设立单独的宴会部门；或设立"大型活动部"由酒店直接领导，并设立宴会部门总监或"大型活动部总监"一职，统筹协调宴会活动或酒店承接的各种大规模会议业务。"大型活动部"或"宴会部"的岗位设置中安排"活动统筹"一职，由专人全程负责统筹和协调宴会或会议的接洽、谈判、现场协调、搭建、客户维护、市场开发等工作。

本节重点介绍宴会统筹的相关工作要求和内容，供参考。

## 一、宴会部门统筹岗位设置

为使宴会活动更顺利地开展并始终保持高效运转，酒店一般会根据其业务比重来设置统筹人员的比例。如果宴会部门营收占酒店总营收比例较小时,酒店一般会将宴会统筹人员编制划归于餐饮部门;也有的酒店将统筹人员归入营销部门管理,专职负责酒店大型的宴会与会议的接待。近年来,越来越多的酒店开始设立独立的"大型活动部"或"宴会部"。尽管酒店的岗位设置情况不同,但自20世纪70年代国际上宴会统筹的角色开始在酒店中受到重视,至20世纪90年代,"宴会统筹"或"活动统筹"已成为星级酒店中不可缺少的工作岗位。

随着我国经济的不断发展,宴会市场的迅速扩大,越来越多的酒店开始建立专门的团队来负责宴会业务。以北京和上海为例,自2000年左右酒店普遍设立"宴会统筹"一职。

对于将宴会统筹安排在销售部门还是大型活动部,酒店管理者持不同的观点。部分管理者认为销售人员同时应该是活动的统筹人员,因为他们是最熟悉客户情况及要求的,应该将销售与统筹兼于一身;而有的管理者则认为销售人员应该去争取更多的客户资源,将维护与服务客户的任务交给一线部门。但宴会销售与统筹分工可能会产生一些不利的因素。例如,有的销售人员在洽谈时,为争取客户资源允诺客户一些对服务部门来说难以满足的服务要求,或者在填写任务单时提供的服务信息不充分而导致服务部门准备不足影响服务质量。不管是由酒店员工中哪一种角色来负责客户的服务工作,规范的操作程序及分工是可以避免上述存在的不足的。至于究竟哪一种方式是最好的,酒店应该根据自己的具体情况而定,"适合的总是最好的"。

此外,一个成功的宴会活动是由各项小细节组成的,而统筹安排的过程又需要各个部门成员的分工合作、共同努力才能完成。通常在酒店中,负责统筹协调的人员得到的授权可能要大于其他部门的同级人员,实践证明这样是非常有利于工作高效开展的。

## 二、宴会统筹人员面对的客户类型

宴会统筹人员面对的客户类型概括起来有两大类:专业活动策划人员和非专业活动策划人员。专业活动策划人员,是指公司里专职活动策划的部门人员,如公关策划部人员、外办等。这类客户对于宴会活动有初步的设想或要求,但是通常举办活动的经验还不是很丰富,对酒店的设施或服务水准了解程度不深,希望宴会统筹人员给他们更好的建议或意见。在与非专业活动策划人员或主办方沟通时,宴会统筹人员通常是直接面对客户,信息沟通最为高效、协调起来效率更高。非活动策划人员通常更加依赖宴会统筹人员,主办方只同酒店宴会统筹一人联系,而酒店由宴会统筹全权处理客户涉及宴会的各类服务要求。这样的沟通方式不仅方便客户,而且从酒店内部管理的角度看,也减少了部门之间相互推诿的现象。若活动圆满结束,酒店除了会受到客户的感谢之外,彼此之间建立的信任感会为争取再次预订打下很好的基础。

此外,还有一类专业活动策划人员是指中介公司,例如专业的宴会策划公司、旅行社或旅游目的地管理公司等,他们举办活动的经验较为丰富,对市场行情、行业动态都有非常敏感的信息捕捉能力。与专业的活动策划人员沟通对销售人员的销售及谈判技巧都提出了更高的要求,宴会统筹人员首先要了解自己及所面对顾客的特点,有针对性地为顾客提供意见和建议,采用不同的谈判技巧。

对客户来说,在酒店举办的每一次宴会活动过程,无论对于专业活动策划人员还是非专业活动策划人员来说都是不可重复的经历,统筹人员的积极投入、宴会活动的成功都是赢得客户的关键。

## 三、宴会统筹人员职责说明

### (一)宴会统筹人员角色要求

宴会统筹人员首先要面对客户。统筹人员的工作任务包括协助与会者安排宴会的菜单、宴会场地的布置、宴会期间餐饮安排、会议服务、音响服务、车辆安排及退房、结账等环节,几乎涉及酒店的每一项产品业务;同时,宴会与会议统筹人员还要能够为与会者在目的地期间所需要的其他服务提供帮助。一名好的宴会与会议统筹人员还必须意识到,只照顾好活动的主办方是不够的,还要与主办方一起照顾好与会代表,因为他们也是潜在的客户。要使活动顺利进行,每一个细节都必须被列入计划之中并需要制订服务方案,明确沟通对象,每一个环节的缺失都会使活动受阻。除了活动前与客户沟通及制订计划外,宴会统筹人员还必须在现场随时跟踪协调,确保客户提出的变动和要求能够得到满足。

一次宴会活动涉及酒店很多服务内容,统筹人员先要面对部门内部各个岗位之间的协调问题,同时也要就客户的要求与酒店各个部门沟通,为客人适时提供服务。酒店对统筹人员的要求是清楚传达客户的要求,熟悉酒店产品的特色,在合理满足客人要求的同时又能兼顾酒店的利益。从某种意义上说,统筹人员是每一次宴会活动的"信息集散中心",同时又是为活动提供"一站式服务"的关键人员。在酒店举办的各类宴会活动有成有败,宴会人员统筹协调的质量则是决定未来客源的关键因素。

最后,在很多酒店的组织机构设置中,统筹人员还要负责协调会场的搭建工作。一次大型宴会活动涉及的搭建工作可能包括运送搭建材料、展板布置、背景板布置、音响或翻译设备的搭建等。如果主办方在一次宴会活动中与多家公司合作,宴会统筹人员还必须负责与参与宴会活动的施工人员、演出人员、工作人员等的协调工作。

总之,从了解到客户有在酒店举办宴会活动意图的时候开始,统筹人员的工作便开始了。他们要对活动的安排有好的建议,对场地布置经验丰富,将自己视为主办方的一员,每次都能预见活动中可能存在的问题。注意到客人忽略的关键环节,在活动过程中始终关注进展情况,熟知自己酒店产品的利与弊,与主办方一起为与会者提供一次满意的体验。客户对宴会与会议统筹人员的期望是:在活动过程中,他们是客户好的咨询师和参谋,是最得力和关键的朋友。

**(二)宴会统筹人员工作说明**

宴会活动期间,客户在任何情况下遇到的问题总是希望第一时间得到酒店的帮助,而统筹人员的角色就是如此重要。随着宴会业务在市场中所占比重不断增加,酒店越来越重视对会议协调或统筹人员的培训。酒店的宴会统筹人员,作为整个活动期间酒店方的联系人,在保持顺畅沟通的同时,也有助于帮助缺乏经验的客户建立一种安全感。客户总是感激和信任那些帮助他们迅速发现问题并处理紧急情况和难题的工作人员。

下面列举某酒店与宴会与会议统筹工作有关的岗位职责描述,供参考。

**1.宴会经理职务说明①**

(1)为团队会议和宴会活动提供各方面的服务,协调每天接待活动,帮助客户进行活动策划和菜单选择,吸引本地团队宴会业务。

(2)确保酒店服务质量和声誉,以管理者代表的身份为团队客户提供服务。

(3)直接对餐饮部总监负责,做厨房、宴会服务人员和财务部门的协调工作。

(4)具体的职责内容包括:负责饭店功能厅预订工作;吸引本地的餐饮活动;和所有的会展及宴会策划者一起,根据酒店设施与服务协调具体要求;确定会展和宴会客户相关活动的所有具体细节。

(5)做好饭店各部门之间的团队会展及宴会活动的信息沟通工作;监督协调宴会各个方面的工作,协调每天的会展宴会的场地布置和服务工作。

(6)在客户的宴会菜单设计策划、宴会准备和定价等方面提供帮助;建立和保管饭店的宴会业务档案;对团队在饭店内的需求及时做出反应并帮助尽力解决。

(7)努力实现宴会部年度计划的各项指标,包括营收、劳动成本、客户人均消费、每客餐食费用等;处理宴会活动的服务时间安排和工作范围。

(8)负责本部门服务人员的招聘和培训。

**2.宴会当班主管职责说明**

(1)安排每日的宴会或会议活动协调工作任务,并协调各个活动的作业流程。

(2)收集当值期间市场信息及客户反映。

---

① 摘录于美国双树饭店 Doubletree hotel 经营手册,该酒店是宴会与服务经理身兼二职。

（3）协助检查统筹人员的现场协调与服务。

（4）负责每日的接待工作，带来访宾客参观场地，介绍酒店设施设备，将重要宾客介绍给部门经理或总监认识，以争取生意。

（5）协助客户确定最后的活动安排内容与细节，并制定第二天的工作任务表。

（6）在宴会或会议开始前，协助检查统筹情况。活动开始前在现场招呼客人，尤其是主办方人员或工作组人员，确保活动顺利开始。

（7）追踪当日活动签约及订金交付情况，记录当日业务进展情况，确保记录的准确性与时效性。

（8）全力配合酒店的季节性促销活动，积极促销。

**3. 宴会统筹人员职务说明**

（1）处理部门每日的宴会与会议任务，并协助督导宴会与会议的作业流程。

（2）对市场信息保持高度的敏感，对酒店宴会产品的优劣势有全面了解。

（3）维护现有客户良好关系，按照企业的营销计划开发新客户，以增加客源及生意量。

（4）每日固定查访及拜访潜在客户，以争取更多的生意机会。

（5）负责接待工作，对饭店的设施了如指掌，带领来访宾客参观酒店时能详细介绍宴会设施，根据客户的意向给予合理的活动策划建议。

（6）与客户签订合同，跟踪订金交付情况，确保宴会预订的准确性与有效性。

（7）协助客户确定宴会与会议的内容与细节安排；撰写酒店内部任务单，为服务部门提供全面、准确的接待服务信息。

（8）在宴会与会议开始前，检查及确认所有的流程及细节安排。

（9）全程跟踪协调宴会流程，及时处理活动中客人的新增服务项目，做好统筹和督导工作。

（10）综合整理客户意见与建议，供部门参考，以更好地提高服务质量、制定销售策略。

（11）熟悉酒店各季节促销活动，为客户提供更多的产品组合。

**（三）宴会与会议统筹人员必备的工作知识和素养**

从某种意义上说，对于每一次宴会，宴会统筹人员的策划安排是决定活动成败的关键。一名称职的、值得客户信赖的宴会统筹人员既需要面对不同的客户，懂得客户的心理，还要随时了解最新的酒店产品信息、最佳的销售组合方案等业务信息，以此为客户量身定制方案。

此外，酒店宴会统筹人员应具备的素质除了专业精神和敬业态度外，还需要一定的文化底蕴和素养。每一次宴会活动中主办方的背景、文化不同，与会客人可能来自全球各地。要使客人对酒店宴会活动有深刻的印象，统筹人员在设计每个细小的环节时,都要对参与其中的"人"有一定了解。

以下是理想的宴会统筹人员需要具备的素质和知识。

**1. 酒店宴会产品详细信息**

古语说"知己知彼,百战不殆"。统筹人员首先要熟悉本酒店宴会产品,包括宴会场地的详细情况。如酒店各个宴会厅的规格、建筑特点、布置要点,并在此基础上根据客户的宴会意图画出场地平面图等。

统筹人员要掌握的内容之二是宴会的菜点知识、酒水知识、成本核算知识。要熟悉本酒店的菜品格局,了解宴会菜单上菜肴的主料、辅料以及烹饪特点、味形特点。每个时期客户可选择的菜单的种类,包括菜肴、酒水的品种、设备的规格和功能。统筹人员还要熟悉酒店宴会菜单上菜点的组合和搭配效果以及宴会菜单更改对服务和成本控制所产生的影响。

掌握营养卫生知识对统筹人员也十分必要,在此基础上对不同年龄、不同身份以及不同身体状况的客户给予有针对性的菜点搭配建议。

服务也是酒店提供给客人的产品之一,对酒店的服务特点、部门之间的配合特点以及酒店服务产品的优势,宴会人员应做到心中有数,更好地与客户以及酒店各个服务部门之间建立起良好的关系。

了解酒店的服务产品有助于统筹人员掌握好宴会的时间、关键的服务环节,制订督导方案和协调方案。

**2. 有针对性地维护客户**

宴会统筹岗位人员要求是多面手,他们必须具备与各类客人交往的能力,因为客户都具有不同的经济背景和心理特点。宴会统筹人员必须具备良好的组织能力,有良好的口头和书面表达能力,还要求性格开朗、细心体察、富于创新、遇事沉着冷静等。尽管宴会统筹人员可能已经经历了几十次甚至上百次的宴会,但对于没有经验而又身处压力之下的客户来说,宴会的经历都是不可复制的。客户的举止行为有时会挑战工作人员耐心的极限。这种情况下,工作人员要使用自信而又友善的方式与其进行沟通,以确保活动的顺利进行。同时,除得体应对客户外,工作人员还要随时与酒店内部各部门、不同级别的同事进行沟通。总之,此岗位要求工作人员有很好的组织协调技巧以及与各类性格的人共事的能力。

**3. 人文知识背景**

统筹人员进行宴会方案的设计与实施除了需要了解酒店产品信息、具有较好协调沟通能力外,人文知识背景也会极大地影响活动的策划和展示水准。首先,心理民俗知识很重要。俗语说"十里不同风,百里不同俗",尤其在宴会的设计和策划中,要充分展示主办方的意图,同时体现本地的民风民俗,需要统筹人员具有一定的历史知识、文学知识、美学知识等。例如,宴会设计要考虑时间与节奏、空间布局、色彩搭配、音乐助兴等各个因素的巧妙设计和融合,使与会者有一次美的文化体验或心灵享受。很多婚宴、寿宴等菜单中菜肴的命名大都包含浓厚的文学色彩,而通过销售人员巧妙的解说,投其所好、避其所忌,画龙点睛的会场布置以及浓墨重彩的环节安排,都可以极大地烘托宴会的氛围。

其次,应了解宴会场地的空间与布局、礼仪与风度、菜点与盛器搭配等方面的知识。统筹人员在懂得顾客的消费心理的同时,其自身的人文底蕴和文学修养都会为宴会设计与安排添色不少。

总而言之,宴会统筹是一项涉及面很广的工作,是酒店提供的重要产品之一,同其他许多产品一样,产品中所包含的文化内涵越多,其价值也就越会得到客户的认可。因此,统筹人员需要具备餐饮服务与管理经验,懂得宴会服务的特点和规律,熟悉本酒店的管理程序和操作流程。与此同时,宴会统筹也需要个人不断开阔眼界、积累经验、拓展思维,才能为客户的宴会活动提出更多建设性的意见。良好的素质无论对于统筹人员自身职业的发展还是巩固与客户之间的关系都会带来很大的帮助。

## 四、宴会统筹服务关键点

酒店从业人员做好任何一个职位都需要认真分析服务对象,即客户的需求,并在日常工作,从客户的角度出发,提供适宜的服务。而对于宴会统筹服务人员来讲,以下几方面至关重要。

第一,为客户创造一个好的环境。宴会统筹服务办公室不仅仅是接待和服务客户的地方,也是销售的窗口,可能是客户进入大堂之后近距离观察的第一个酒店场所。销售办公室内部的装潢和布置也是非常重要的,办公室内要确保提供客户所需要的信息表和产品手册、菜单样本,可以用成功的宴会和会议策划图片来装饰墙面;客人的感谢信、具有特色的会场的布置场景模型或图片等都是前期销售的工具。这些装潢会帮助客户熟悉酒店的设施。对企业曾经取得成就的宣传,与销售人员的销售一样重要。

第二,做导向型服务。了解产品、按照标准流程来操作对于一名合格的宴会与会议统筹部门的员工来说只是基础。每一次活动都没有相对统一的标准可以遵循,在接待来访客户的过程中,员工并不是例行公事,将酒店的产品和价格做简单介绍供客人选择,更多的时候客户希望或依赖统筹人员对活动策划提供建议,以自己的专业知识赢得客户的信任。例如,一个宴会厅能容纳的人数可以通过数学公式计算出来,但照此方法做出的计划通常难以实施,因为建筑师和统筹人员、客户看待房间的角度是有很大差别的。究其原因是每一个宴会都是各有特色的,同样的房间,菜品不同,餐台的布置形式就会不同;不同目的的宴会,其场地内的客流量不同,舞台的规格以及所用的设备也是有区别的。

宴会统筹人员在与不同客户讨论方案的时候,切不可单凭估计,要考虑到活动的主题、对场地布置的要求、客户带进场内的设备或酒店提供的音频与视频设备占用的空间等。统筹人员还要提醒客人在大型活动中是否需要贵宾等候室或休息室,有演出的规模较大的宴会或会议是否需要演员化妆室,是否需要为客户提供单独的储物间等。安全因素在宴会统筹中也不可忽视。关于场地布置的具体内容在以后的章节中会有详细的介绍。总之,对客户而言,导向型服务让统筹人员成为活动的"好助手"而不会出现"插不上手"的现象。

对酒店内部协调活动而言,统筹人员要给各个部门提供充足的信息。例如,整个活动的议程、宴会时间长短,以便于餐饮部门控制上菜时间和速度、安保部门在结束时做好人员疏散工作等。此外,统筹人员还应该知道如何有效地利用宴会厅的空间获取最大的营业额。

第三,学会分析客户信息。统筹服务人员还必须充分利用客史档案,学会从宴会统计数据中捕捉重要市场信息。从销售的角度讲,通过对宴会不同类型主办者、宴会规模的统计数据进行分析,可以了解酒店的宴会市场定位,熟悉宴会产品的优势及劣势,确定每个时期宴会市场拓展方向及发展目标,及时调整销售方案,使工作更有成效。

从宴会统筹服务的角度讲,宴会分类使工作人员能根据宴会的类别制定服务的预案;了解主办方与客户的真正需求,力求使宴会服务个性化,宴会活动更有创意。

### 案例分享

某四星级酒店餐饮部门接待了正式开业以来的最大规模、最高规格的宴会。餐饮部副经理全程参与了整个宴会的接洽过程,并在餐饮部门的例会上对此宴会做了特别布置。主办方对其给予的重视十分满意。

晚宴预计12日晚6:00举办,主办方于11日晚9:00进场搭建。搭建过程需要工程部门配合安排电路,需要安保部门开启运输电梯和部分通道、客房部协助清扫舞台等工作。但是由于餐饮部门事先没有与相关部门沟通好客人具体搭建时间和要求,导致值班的主管协调了将近45分钟才让相关人员抵达现场。加之事先没有准备,抵达现场的各个部门值班人员对客人搭建过程中的问题处理非但不及时,甚至还有互相推诿的现象,导致搭建工作进展断断续续。客人为此非常不满。

思考:你认为在此案例中,酒店内部之间的沟通存在什么问题?其原因是什么?试从管理的角度对酒店的岗位设置提出建议和意见。

**思考与练习**

1. 你所理解的古代宴会与现代宴会的相同之处和不同之处在哪里？

2. 你认为不同时期，宴会策划的重点是什么？

3. 宴会部门的组织机构设置原则是什么？

4. 宴会经营对酒店经营管理有什么影响？

5. 宴会部门的人员安排有何特点？

6. 宴会统筹人员的角色是什么？工作中需要有哪些必备知识？

## 第二章　宴会活动筹划

**引　言**

宴会举办成功与否,很大程度取决于酒店方的组织和策划能力,任何宴会活动若能够事前做好妥善计划与安排,并保持信息的畅通,都能够取得预期的效果。宴会活动的策划从统筹人员了解客户的意向起就已经开始了。每次宴会活动会涉及数以千计的细节,任何一个环节都需要预先考虑周到并做出相应的预案。

本章所介绍的宴会活动策划包括了宴会活动的整个业务流程,包括寻找销售对象、咨询预约、报价、餐饮服务内容与音频视频服务洽谈、确定合约、发布宴会通知单、再次确认等重要环节。同时,也介绍了宴会中危机事件的处理原则。

**学习目标**

- 知晓宴会活动策划的主要环节。
- 了解宴会活动策划各个环节的要点以及注意事项。
- 根据虚拟的客户要求制定宴会的活动策划书。
- 学会根据酒店的具体情况设计宴会的产品手册。
- 了解宴会活动策划的危机事件处理原则。

## 第一节　宴会预订

宴会预订过程不仅是宴会产品的销售过程,也是客源的寻找以及筛选过程。宴会的预订环节是宴会管理的重要内容,直接影响到客户的消费水准、菜单的编制、场地的策划以及活动的组织。宴会统筹人员必须要有一定的工作经历、了解市场行情和相关政策,具有良好的公关能力和心理学知识。在宴会预订阶段,尽管客户只是咨询产品情况,还没有与酒店订立合约,但是对统筹人员来说,宴会预订阶段是掌握市场动态,促进宴会销售的良好时机。

## 一、客户需求预测

### (一)寻找潜在客户

活动的主办方通常会同时对若干个同类型或同等星级的饭店采取来电、来函、网络互动查询或亲自到现场洽谈的方式进行咨询。一般在咨询阶段客户提出的问题涵盖了以下几个方面:宴会场地的出租情况、宴会场地的规模和设备情况、宴会活动的收费标准、宴会服务的特色与内容等。统筹人员必须针对顾客的意向准确回答问题,同时还应该在此过程中补充与之相关的酒店的配套服务产品介绍,以争取更多的销售机会。

在咨询阶段,统筹人员要学会寻找和筛选销售对象,当客户进行咨询时,销售人员要思考以下问题。

**1. 本酒店的产品和服务能在多大程度上满足客户的需求**

宴会业务中,客户在明确购买意向前不仅仅关注有形产品的质量和消费,如食品饮料、菜肴等,同时也在权衡酒店的声望、审美、服务等无形产品是否符合其期望值;并且越是消费标准高的客户越重视酒店的无形产品价值。销售人员要根据酒店所承办的宴会类型、产品特点,再结合客户宴会的主题,有重点地、从客户关心的角度进行沟通。

**2. 客户是否有支付能力**

宴会的预算是决定客户是否有支付能力的关键因素。某些咨询的客户的确有购买酒店产品和服务的需求,但是他们缺乏支付能力。统筹人员不能降低自己的标准来迎合或争取预算范围之外的客户,在这种情况下,将其列入潜在客户是一种比较好的选择。统筹人员的任务是让客户了解酒店能提供什么,酒店价格体系下所确保的服务内容和标准是什么,这对酒店也是一种宣传。

**3. 客户是否有购买决策权**

也许销售对象对酒店的产品和服务有实际需求并有支付能力,但是他们却没有最后的购买决定权。统筹人员最好能够掌握关键的信息,知道在宴会活动中谁具有最终购买决策权。这样了解客户的意向不但会节省不少时间和精力而且也会使最后的成交率大大提高。统筹人员可以向客户询问是否需要一起向有决策权的人介绍产品,可以约见或上门拜访,便于直接接触有购买权的客户,提高每一次洽谈的成功率。

总之,对宴会统筹人员来讲,学会寻找有价值的潜在客户并掌握关键信息是宴会销售成功的开始。在了解客户基本情况的同时,统筹人员还可以知晓客户所在公司的企业文化、公司的宴会活动计划等,这些对统筹人员日后与客户洽谈并协助客户在酒店完成宴会主题活动都有非常大的帮助。

### (二)客户意向登记表

无论客户以电话还是面谈的形式咨询酒店宴会产品，统筹人员都要有记录客人意向的习惯。表2-1为客户咨询记录表，可作参考。

**表2-1　客户咨询记录表**

| Function Date<br>活动日期<br>Function Time<br>活动时间 | | No. Pax.<br>人数 | | Call Taken By<br>服务人员 | |
|---|---|---|---|---|---|

| Company Name<br>公司名称 | | | Contact<br>联系人 | |
|---|---|---|---|---|
| E-mail： | | | | |
| Phone<br>电话 | | Mobile<br>手机 | Fax<br>传真 | |
| Contact for Payment<br>付款联系人 | | | Budget per person<br>每人预算 | |

We Are doing 活动要求

| □ Breakfast 早茶 | □ Lunch 午餐 | □ Coffee Break 下午茶 | □ Dinner 宴请 |
|---|---|---|---|
| □ a la carte 单点 | □ party 派对 | □ Cocktails 鸡尾酒 | □ Buffet 自助餐 |

We Will Bring In 我们要携带以下物品　　　　（Indicate how many 请说明数量）

__ Sound System 音响设备　　　　　　　　__ Additional Lighting 增加的照明设备

__ Image/ Projector 投影　　　　　　　　　__ Video/ TV 电视

__ Stage（size?）舞台（大小?）　　　　　　__ Backdrops 背景幕

__ DJ or Band DJ 或乐队　　　　　　　　　__ Displays 展板

We will need from hotel 我们需要酒店提供　　（Indicate how many 请说明数量）

__ Sound System 音响设备　　　　　　　　__ Backdrops 背景幕

__ Image/ Projector 投影          __ Wireless Microphones 无线话筒

__ Stage（size?）舞台（大小?）     __ Parking 停车

__ DJ or Band DJ 或乐队            __ Other 其他

Table setup 摆台：

|  |
|--|
|  |

Payment Method 结账方法

| By one organizer 一人统付 | Cash Bar 每人自付 |
|---|---|
|  |  |

## 二、宴会现场察看

一旦获悉顾客有意向在本酒店举办活动，统筹人员最好能够邀请顾客亲自到场地察看，以确保活动的细节都在考虑之中。到场地察看，可以给客人更加直观的认识，销售人员根据现场情况为其解答问题，使承办活动的概率大大增加。

为体现工作的专业性，统筹人员在与客户见面时应携带详细的关于宴会厅的资料。具体包括：酒店特定时间段各宴会场地的预订情况、各场地的平面图、不同台型布置所能容纳的客人数量、活动可能使用到的设施设备收费情况、不同时期酒店的产品销售策略等。同时，也要确切知道酒店在某一时间段可以向客户提供的餐饮种类、菜肴品种及其他各项服务产品的报价。

## 三、预约与预订确认

### （一）预约方式

在预约阶段，客户尚未对宴会做出最后的决定，属于暂时性的确认。暂时性的宴会预订状态下，客户可能存在以下几种情况：

（1）宴会已经确定，在费用、服务内容或场地选择上，客户还处在比较和选择阶段；

（2）客户处于咨询和了解阶段，如不及时预订，宴会场地可能被他人预订；

（3）客人对宴会的日期无法确定或宴会场地目前没有合适的档期，当下无法确认。

无论客人处于何种情况，统筹人员应争取排除各种不利因素，帮助客人确认预订。如果由于酒店原因无法满足客户的需求，则应向客户解释清楚，或根据其宴会主题设法为其推荐其他酒店。

### （二）预订确认

宴会预约后，如果得到客户或主办方的确认，酒店应该填写宴会预订确认书，并收取一定数额的订金，在建立起契约关系的同时，确保酒店与客户双方的利益。一般宴会预订确认书包括宴会名称、宴会的起止时间以及宴会场地、人数、宴会总体预算等内容。

付订金在宴会预约中是非常普遍的方式。大部分酒店，视客人支付订金为正式预订，有些酒店则要求客户与宴会部门签订举办活动的协议或合同。

#### 1. 预订保留

在未签订合同之前，客户仍有较大的概率变更其决定，预订保留时间或临时预订则只记录了客人的预订意向，如有其他客人要求在同一地点同一时间举办活动，暂时预订的客户要在最短时间做出最终决定。酒店会制定宴会预订相关的保留期限政策。例如，暂时预订一般保留一周，一周之后，统筹人员将与客户联系询问其意向。实际操作中，具体的预订保留政策视各个酒店的业务状况、宴会市场情况以及淡季旺季时间而有所不同。

#### 2. 预约记录与修改

与客房预订一样，大部分酒店都已经摒弃了传统的手工记录而改用计算机记录客户预订情况。这不仅能够使宴会场地、设施都由计算机系统来确保预订记录的清晰准确，方便统筹人员在任何需要的时间通过系统查询，同时也能够使记录保存更长时间。

无论何种情况，宴会统筹人员必须确保只有经过授权的人员才允许在预订系统内作加注或更改。

#### 3. 业务筛选

为确保部门营收，宴会部门都会制定每个宴会厅的业务条件，并在场地出租率较高或对于同一场地多家客户有预订意向的情况下帮助统筹人员分析业务的收益情况，尽量为酒店去争取那些收益比较大的生意。例如，有的酒店会优先接受某一特定市场的业务，有的酒店则会比较两个预订之间的最低消费额。在年度宴会的旺季，统筹人员会将有限的场地出租给一个高消费客户举办的公司年会，而不是承接一次按杯付费的酒会。对提前预订宴会的时间，部分酒店也有明确的规定。例如，对小型的商务宴会，大部分酒店接受提前三个月的预订要求；对大中型宴会则最早接受提前 9 个月的预订。这一做法的目的是争取营业额最高的生意，避免因物价原因引起价格波动。因此，统筹人员应该在确认客户的预订之前先权衡其生意的"合格率"。

很多国际连锁酒店业集团，都开始引进专门的宴会或会议预订软件系统，以衡量每一笔业务的收益。统筹人员需要将客人的预订信息输入系统，系统将会根据酒店当季的房价、餐饮价格等来衡量此次宴会或会议业务可以折算成多少房间夜次、餐饮用餐人数等。这种软件的优点一是能在短时间内帮助统筹人员参考业务的合格率,二是能够帮助酒店监控市场价格,调整定价方案。

总之,从现代酒店管理角度看,宴会活动的预约预订管理工作已经不仅仅是记录客户使用场地的时间、服务要求等,而且是形成了预约预订管理的系统,其内容涉及宴会订单填写与确认、预订系统维护、预订修改授权、预订保留的权限、订金的处理等。

宴会预约管理工作之所以如此重要,原因主要有两方面,一是现代社会宴会的主题越来越多样化,所涉及的服务内容,如灯光、音响、礼仪、场地布置等要求不断提高;二是由于宴会预订对酒店的营收以及每个阶段的预算都有较大影响,尤其对餐饮部门的收益管理影响较为深刻。因此,加强宴会预约管理工作对酒店经营来说意义重大。

## 第二节　宴会业务接洽与策划

宴会业务接洽是整个宴会策划最为重要的环节,接洽内容是酒店与主办方接下来为宴会进行准备工作的重要参考依据。一次宴会的服务涉及酒店各个部门,接洽的具体内容非常繁杂,可以说宴会活动所涉及的方方面面工作都需要在洽谈过程中事无巨细地一一罗列。如果把宴会活动看作一次现场演出,那么统筹人员与主办方成功的洽谈可以看作是这一演出的脚本。宴会业务接洽内容越详细,主办方与统筹人员双方对宴会活动成功举办的信心就越大。

宴会接洽业务的重要性显而易见,但接洽的内容又如此详细,因此统筹人员首先要了解主办者和与会者,其各自在宴会活动中所需的服务是什么;其次,确认每一次不同的主题宴会活动的关键环节,以便在现场协调和督导工作时重点安排;最后,在了解客户意图以及确认不同宴会策划关键环节的基础上,准备完备的洽谈资料。

任何一家酒店的产品都有其优势与局限性,统筹人员要学会在接洽过程中认真倾听记录客户意见,在充分了解自己酒店产品和服务的同时,与客户一起讨论宴会活动最佳的组织形式与方法。好的宴会统筹人员会给客户策划一个难忘的消费体验经历。

### 一、宴会策划接洽准备

#### (一)客户意向需求预测

**1.宴会主办方需求预测**

概括来说,宴会策划统筹人员面对两种不同的客户,一种是中介客户,另一种是非中介客户,或者我们可以称为专业客户与非专业客户。

中介客户通常有较为丰富的举办活动或策划宴会的经验,他们帮助主办方选择酒店。在帮助自己的客户寻找酒店之前,中介一般都对客户的宴会活动过程与要求有非常清楚的了解。中介的出现使酒店不能与主办方直接联系,在服务信息的传达与沟通方面多了一个环节。中介客户与统筹人员接洽时更多关心价格、酒店产品的质量、宴会产品的销售组合问题等。统筹人员在面对中介客户时要重点介绍自己酒店宴会产品的优势以及特色,了解与竞争对手的产品差异情况,以及怎样在其价格预算范围内将酒店产品合理地组合销售。而宴会活动的细节以及宴会服务督导工作则不是统筹人员与中介公司洽谈的重点。总之,中介客户在选择酒店之前都会有所准备,对各个不同档次和规模的酒店产品都有一定的了解,统筹人员在洽谈中要在其合理预算的基础上突出自己宴会产品的优势。

目前,非中介客户在大多数酒店宴会客户中占较大比重,例如公司客户、政府客户以及私人客户等,其举办的宴会活动类型也较为多样,有公司的年会、颁奖晚宴,政府的答谢宴会、团拜会、规格较高的国宴等,私人客户的宴会形式则包括了寿宴、谢师宴、婚宴等。非中介客户对酒店产品进行比较对掌握的信息量不如中介公司大,但是其对酒店宴会产品的忠诚度较中介客户相对更高。更为重要的是,在宴会活动策划过程中,非中介客户对酒店统筹人员的依赖程度更深。统筹人员在接洽过程中需要与客户一起设计活动中的每一个环节。这些内容具体到宴会现场的灯光、音乐配合、宴会的车辆安排、宴会的衣帽寄存服务细节等。如果是高规格的宴会,其服务内容还涉及主桌的座位具体安排、席位卡的打印、贵宾服务及保卫方案、与会嘉宾需要的同声翻译设备服务等。

客户需求预测的第一步是分析主办方的需求,针对不同的客户意向,统筹人员在洽谈时所重点讨论或服务的内容应有所区别。无论是中介客户还是非中介客户有针对性的销售永远都是正确的。例如,面对政府客户,统筹人员要介绍酒店所举办过的政府客户宴会的规格和服务标准等;而面对商务客户,统筹人员要把在酒店举办过的商务客户活动的创意或者客户对酒店的评价提供给客户作参考,以便给客户更为直观的感受。

**2. 与会客人的服务需求预测**

主办者的需求预测是决定宴会主题的关键因素,而详细了解参与宴会的嘉宾的需求也是统筹人员确保宴会服务成功的重要内容。每一次宴会的"与会者"都是可以划分为多个层次的。以一次婚宴为例,新郎新娘作为主要嘉宾,他们所需要的服务有哪些,是否需要为他们提供更衣室,根据新郎新娘的年龄来推测,被邀请参加婚宴的嘉宾中有多少带小孩的夫妇,他们的座位该如何安排,婚宴的主桌应该安排多少人,这些因素都是统筹人员在策划宴会的过程中必须了解的信息,将"与会者"的层次逐一进行分析后,再针对宴会中的"小客户群"设计服务方案,才能在更大程度上确保宴会活动给与会的嘉宾带来满意的体验。

**(二)确认宴会策划的关键环节**

任何一次宴会活动,销售人员必须抓住客户举办活动所关心的要点,即宴会的主题是什么,主办方通过宴会活动想要表达的意愿是什么。统筹人员在与客户商讨、提问时也要有的放矢,以帮助客户更好地策划活动以及有针对性地对其进行销售。商讨的过程中要避免在非重点信息和细节讨论中浪费大量的时间。宴会策划人员需要从主办方的角度考虑的关键问题包括了以下几点。

**1. 选择最符合宴会主题的酒店产品**

酒店宴会产品的哪些特色能够体现宴会活动的主旨? 统筹人员应该怎样围绕宴会的主题来介绍酒店不同的宴会场地和宴会产品? 现在酒店销售的哪些产品组合更能贴近这次与会客人的消费心理? 宴会厅现有的器皿布件应该选择哪种颜色和风格更贴近宴会主题? 宴会服务人员的着装与装饰怎样与主办方公司文化相呼应?

**2. 拟定完整宴会的流程**

统筹人员要清楚宴会过程中主办方是否安排了节目表演,整场宴会从入场入座到离开宴会厅持续多久,与会嘉宾走哪条路线到达宴会厅才不会与当天的其他场地的大型活动安排产生冲突,若宴会活动持续三个小时,那么宴会出菜的节奏该怎样安排,什么时候安排宴会中的出菜秀恰到好处且最有影响力,是否需要将客人从会议厅引导至用餐地点,这些都是统筹策划宴会活动时应收集的必要信息。

**3. 规划详细的场地布置**

在大多数情况下,每一个宴会场地的实际使用面积与直观感觉的并不一致。在策划宴会的过程中,一定要对场地的布置规格和尺寸有精确到厘米的计划。例如,舞台的长与宽、灯架的高度、投影机离宴会主桌的距离等。还要考虑在宴会现场工作台、酒水饮料台的具体规格以及摆放位置是否会影响嘉宾出场或影响客人通行等。

**4. 确认宴请嘉宾的具体要求**

一次宴会的具体内容不仅仅包括用餐的标准、与会客人的特殊服务要求,以及整场宴会的过程等,统筹人员还应该清楚活动所邀请的负责舞台和照明的技术人员、摄影师、记者以及工作人员的用餐标准和用餐时间。如果宴会的工作人员不与来宾在同一地点和同一时间用餐,酒店当天是否有合适的场地? 或者在当天厨房都非常忙碌的情况下,能否安排出人手在非用餐时间为宴会的技术人员和工作人员准备食品?

客户的意向需求预测还有很多的内容,远远不止以上列举的内容。统筹人员在接洽过程中要根据酒店产品特点,并结合客人的宴会主题为策划活动提出建议。很多客户在预订的时候可能只有举办宴会会议活动的大致想法,而接洽的过程则是勾画宴会活动蓝图的过程,作为统筹人员必须考虑宴会活动的每一个细节,协助宴会客户达到其期待的目标。

### (三)报价准备

**1. 价格政策**

大多数主办方都希望在签订合同之前与酒店确认每项服务的价格,可以准确得知预算费用。但对酒店来说,这样的做法存在一定风险,尤其在餐饮价格、客房价格制定方面。在市场环境中生存,没有一家酒店不面临通货膨胀、成本上涨、货币调整、人力资源成本、国家或地区政策以及自然环境等所带来的负面影响。因此,对于一个提前一年以上就预订的大型宴会活动,大多数酒店不愿意给出最终确定报价,更倾向于给客户一个大致的价格范围或告知客户此报价的最高上限浮动范围,以便于客户做预算决策。绝大多数的酒店都愿意在活动半年前确定场租价格,而菜单价格则提前半年或3个月给出。例如,考虑到双方的利益,酒店在与活动主办方签订合同时会附上一份现在使用的菜单作参考,并说明酒店如需调整现有餐饮价格,提价比例不超过现有菜单的百分比。

总之,统筹人员在根据酒店的价格政策对客户的每一笔宴会业务进行筛选的同时,在接洽阶段还有一个非常重要的环节是考虑客户的背景、财务状况、支付能力、活动背景、参会者的身份、邀请的贵宾名单以及活动的影响力等因素。例如,需要清楚此次宴会对酒店的意义和影响力还表现在哪些方面,这次宴会活动能否提升酒店的知名度,是否需要找一个委婉的理由拒绝此次活动而承接另一个利润丰厚的宴会活动,这次宴会的综合消费能力如何,此次宴会的报价能否使客户成为酒店的回头客并且在淡季为酒店创造好的利润。

**2. 报价方式**

报价方式大致可以分为两种,即全额报价、套餐价格。

(1)全额报价是指将宴会活动过程中需要的场租价格、餐饮价格、音响设备或舞台搭建价格等项目逐一列出,其总和就是活动的总预算。

(2)套餐价格是指场租的价格内包含了部分产品内容。例如,场租价格内包含了音响设备费用,宴会的价格标准内包含了软饮料或部分酒水的价格,婚宴的价格包含了舞台或背景板的搭建费用等一些其他服务产品费用。

一般套餐价格是大部分酒店在经营的淡旺季有针对性地开展促销活动时推出的。大多数的酒店会选择节日时期推出套餐价格,并组合销售酒店的其他产品,如客房、会场、娱乐设施等。例如,情人节套餐、圣诞套餐等。针对婚宴市场,有的酒店会按照当地的习俗将婚期分为几个不同的"良辰吉日"推出套餐,一些周一至周四的宴会预订也会以套餐组合方式给予优惠。

无论酒店采取何种价格策略或报价方式，在合同中涉及的价格政策最好都以书面协议明示，并确保与合同一样有效，避免将来双方发生分歧。

### （四）宴会现场策划资料准备

宴会现场策划资料一般是指宴会策划人员在与主办方面谈或在宴会现场策划时应该携带的资料。一般的酒店都会编制一套供客人询问、比较的书面或电子资料，内容包括宴会活动策划手册、场地效果图等。这些资料涵盖了场地的平面图、宴会的收费标准及宴会的菜单、场地的最低消费、不同的台型设计场地的容量、茶点及饮料的价目表、活动器材的租借费用等内容。

#### 1. 宴会活动策划手册

宴会活动策划手册应该涵盖了酒店所提供的全部宴会产品内容及其价格标准，如场地租用费用、茶点的品种价格、音频视频产品、舞台搭建的价格等。其中，还可能包括"本宴会菜单适合 50 桌以下"、"此会场的报价最低保证人数为 20 人"、"此场地的最低消费标准为 300 元每位"等。

（1）宴会部门餐饮收费标准。

例如：

中式宴会——

        一般酒席：4588 + 10% 桌起

        结婚酒席：5888 + 10% 桌起

        中式套餐：350 + 10% 人起

        中式自助餐：中午 280 + 10% 人起（最少 50 位）

                      晚上 288 + 10% 人起（最少 50 位）

西式宴会——

        西式早餐：195 + 10% 人起（最低消费 5000 元）

        西式套餐：250 + 10% 人起

        会间茶点：65 + 10% 人起

        西式自助餐：中午 280 + 10% 人起（最少 50 位）

                      晚上 388 + 10% 人起（最少 50 位）

        茶点自助餐：125 + 10% 人起（最少 50 位）

鸡尾酒会——

        餐费：125 + 10% 人起（最少 50 位）

        鸡尾酒：600 + 10%（不含酒精，约 60 杯）

                  750 + 10%（含酒精，约 60 杯）

* 以上价格若有变动，恕不另行通知。

（2）宴会策划表。

统筹人员在与客户洽谈前应该认真确认接洽程序，包括接洽的内容、交谈的顺序。要针对客户的宴会活动，提问有连贯性和规范性。表2-2所示为统筹人员提示了宴会接洽中不可或缺的客户的相关信息；表2-3则详细列出了在场地设计时需要考虑的因素；表2-4所示则有利于统筹人员记录宴会详细信息。

表2-2　宴会策划表（一）

| 项目 | 内容 | 备注 |
|---|---|---|
| 宴会时间 | 1. 举办宴会的具体日期与时间<br>2. 宴会前进场搭建时间及准备时间<br>3. 宴会结束后清场时间 | 统筹安排每一阶段任务的具体时间。 |
| 宴会规模 | 1. 与会人数<br>2. 宴会桌数<br>3. 预留桌数 | 应向客人说明大型宴会一般预留总桌数的10%的席位和出品。 |
| 宴会标准 | 1. 宴会预计总预算<br>2. 每桌宴会的菜肴标准<br>3. 每桌宴会的酒水费用<br>4. 鲜花及其他费用 | 如有宴会套餐应向客人说明每桌宴会包含酒水的具体数量与标准、品牌。 |
| 与会嘉宾 | 1. 预计出席的贵宾与嘉宾及服务<br>2. 客人的禁忌喜好及特殊需求<br>3. 是否有不同的用餐标准 | 针对不同的嘉宾提供相应的服务安排方案。 |
| 宴会场地 | 1. 宴会的舞台与背景板布置要求<br>2. 宴会使用的设施设备及服务要求<br>3. 宴会所用布草颜色要求<br>4. 宴会台型图 | 安排场地时应该给客户精确的图纸，标注实际可用范围；避免搭建后与策划前场地效果有较大差异。 |
| 安全及工程要求 | 1. 客人行动路线<br>2. 供电要求及费用情况 | 掌握与会客人的车辆数量及类型；安排好客人的停车地点、相关车辆驶离路线等。 |

**表 2 - 3　宴会活动策划表（二）**

| | |
|---|---|
| 宴会厅面积 | |
| 宴会厅前厅面积 | |
| 不同台型摆放时可容纳的人数 | |
| 多功能厅小会议室的数量及最最多可容纳的人数 | |
| 宴会厅能否分割及分割数量 | |
| 宴会厅距地面高度（米） | |
| 宴会厅大门高度及宽度（隔断门的高度和宽度） | |
| 到达宴会厅的客梯数量及可承载人数 | |
| 宴会厅内结构支柱 | |
| 宴会厅顶部的装饰灯具距离地面的高度 | |
| 宴会厅顶部是否有有吊点（分布位置及方位） | |
| 宴会厅是否有自然采光及具体结构 | |
| 宴会厅内的照明灯光控制是几路 | |
| 宴会厅内能否增加额外供电 | |
| 宴会厅内是否具备同声传译设备和房间 | |
| 酒店可提供的语言服务 | |
| 宴会场地隔音材料及效果 | |
| 宴会厅升降幕布尺寸 | |
| 会议室背景板颜色及大小（平方米） | |
| 可提供的投影、话筒以及白板的数量 | |
| 投影机的流明 | |
| 宴会厅舞台两侧有我进出通道 | |
| 是否有跳舞地板及面积 | |
| 宴会场地桌布和颜色 | |
| 酒店曾举办的主题活动 | |
| 酒店适合举办的宴会活动和类型 | |

资料来源：刘超. 中国式酒店市场营销百大表格. 大连：大连理工大学出版社，2012.

## 表2-4 宴会活动策划表（三）

| 客户名称： | | | | 联络人： | | |
|---|---|---|---|---|---|---|
| 宴会日期： | | | | 宴会时间： | | |
| 电话： | | | | 传真： | | |
| 收款地址： | | | | | | |
| 宴会类别： | | | | 宴会厅： | | |
| 人数：最多　人/桌；最低保证人数： | | | | E/O NO | | |
| 台型 | 各式宴会摆设 | 器材 | 鲜花 | | 饮料 | 饮料价格（元） |
| U字形 | 自助桌台 | 立式话筒 | 主桌鲜花 | | 开放式吧台 | |
| 口字形 | 白桌布 | 讲台式话筒 | 讲台鲜花 | | 按杯计算 | |
| 长方形 | 粉红桌布 | | 圆形花 | | 水果酒 | |
| 教室型 | 白桌裙 | 录音机 | 桌花 | | 含酒精水果 | |
| 剧院型 | 红桌裙 | 投影机 | 自助餐台花 | | 汽水类 | |
| 主席台 | 圆桌 | 幻灯机 | 绿色盆栽 | | 柳橙汁 | |
| 签到桌 | 白桌布 | 屏幕 | | | 绍兴 | |
| 指示架 | 粉红桌布 | 无线麦克风 | | | 陈年绍兴 | |
| 马克笔 | 粉红餐巾 | 卡拉OK | | | 啤酒 | |
| 白　板 | 主桌 | 舞台聚光灯 | | | 矿泉水 | |
| 激光笔 | 接待桌 | 追光灯 | | | 其他 | |
| 笔、纸 | 喜灯 | 喷烟机 | | | | |
| 铅　笔 | 结婚音乐 | 其他工程支援 | | | | |
| 演讲台 | 演讲台 | 背景板 | | | | |
| 讲　台 | 讲台 | | | | | |
| 参会证 | 舞台 | | | | | |
| 其　他 | 舞池 | | | | | |
| | 喜烛 | | | | | |

续表

| | 名牌 | | | | | |
|---|---|---|---|---|---|---|
| | 桌牌 | | | | | |
| | 菜单 | | | | | |
| | | | | | | |
| | /每人 | | | | | |

| 杂项： | | 指示内容： | | 冰雕：<br>菜单： |
|---|---|---|---|---|

| 预计场租：<br>服务费： | | | 订金：<br>其他费用： |
|---|---|---|---|

| 日期： | | | 接洽人： |
|---|---|---|---|

**2.宴会场地效果图**

一份好的宴会活动策划手册还应该包括酒店各个宴会场地的实际使用面积，场地布置的照片，每个宴会厅的插座、网络端口，各个场地设备的性能，宴会厅可供选择的布件颜色、音频与视频产品的功能介绍等。宴会的场地效果图可以给客人更直观的认识，帮助客人构思活动场地的安排。

表 2-5 宴会设施图表

| 场地名称 | 面积(平方米) | 尺寸(米×米) | 层高米 | 剧场式 | 课桌式 | 宴会式 | 酒会式 |
|---|---|---|---|---|---|---|---|
| 宴会厅1 | 1200 | 50×20 | 3.5 | 1000 | 700 | 800 | 1100 |
| 宴会厅2 | 300 | 12.5×24 | 3.0 | 320 | 180 | 250 | 320 |
| 宴会厅3 | 300 | 12.5×24 | 3.0 | 320 | 180 | 250 | 320 |
| 黄河厅 | 140 | 11×10 | 2.4 | 90 | 50 | 40 | 100 |
| 浦江厅 | 85 | 10.5×7.2 | 3.0 | 100 | 60 | 70 | 100 |
| 长江厅 | 340 | 20×17 | 2.4 | 400 | 240 | 320 | 400 |
| 明珠厅 | 251 | 16.5×15.2 | 2.7 | 250 | 180 | 200 | 270 |

统筹人员还应该有每个宴会厅的准确比例图,在图纸上必须标明门、窗、电梯、电源插座以及其他障碍物的确切位置。有的酒店会使用宣传手册上的多功能效果图给客户进行展示,也有的酒店使用电脑展示,能使客户对宴会场地布置效果印象深刻。

酒店会借助计算机制图来帮助客户画出场地布置图。在知晓多功能面积、与会人数和桌子的尺寸等信息后,通过电脑程序就能画出一张或几张图纸供客户参考,比人工制图更精确,速度更快,而且电脑制图便于修改,灵活性大。电脑制图可以储存更多的设计布局图纸供客户选择,越来越多的酒店已经意识到电脑制图是满足客户不同需求的极好方法和手段。

酒店应该充分认识到,宴会策划过程中统筹人员准备"宴会活动策划手册"的重要性。首先,宴会活动策划手册有利于统筹人员详细记录客户的场地安排和服务要求,让客户感觉到自己受到尊重并体现出宴会策划人员的专业性。其次,也是宴会活动策划手册更为重要的作用,是为顾客展示公证透明的价格体系,赢得其对酒店相对稳定的价格体系的信任。

## 二、签订宴会合同

合同是商品交换的法律表现形式,现代社会企业的经济往来都是通过合同实现的。无论统筹人员与宴会的主办方以何种形式达成一致,签订宴会的书面合同都是必不可少的环节。只有签订了书面合同,才能将酒店与客户双方的权利与义务加以明确。从某种意义上说,书面合同才是合同成立的依据,是双方履行义务的根据,是合同生效的条件。

一般酒店会根据自身产品的情况,参照各个地区的法律要求,请专业人士为酒店编制合同。统筹人员在签订合同阶段,要针对餐饮服务企业的特点,重点关注宴会合同中的关键内容,如收费标准、最低保证人数等。同时,对合同的变更或取消都应该制定相应的操作流程,用积极的措施规避或减少风险损失,保护酒店方与主办方的利益。

### (一)确认宴会合同关键内容

#### 1. 收费标准与内容

宴会合同中应该包括客户宴会活动各项具体服务产品以及每一产品的收费标准,在合同中清楚地加以罗列可以避免双方由于对某些概念的不同理解而引起分歧。客户在宴会活动过程中实际消费的范围涵盖面较广,并不一定只有餐饮活动,因此在签订合同时应该有更加周全的考虑,涉及的内容尽可能详细。收费标准中要考虑以下几种情况。

(1)场租的收费标准。首先,大型宴会活动,如有搭建舞台、背板、调试音响等内容,要在"场租费用"一栏中,对进场搭建期间的场租与正式活动的场租收费标准有所区别。一般搭建期间的场租按照正式活动场租的70%或80%的比例收取。其次,宴会厅的租金依时间段不同而有不同的收费标准。宴会厅的经营收入单靠场租是不够的,最主要的营收仍是宴会活动的举办。同一宴会场地,白天可以出租作为会场,晚上则可以变为餐饮聚会的场所。收费标准是合同中必须注明的内容之一。

最后,对活动结束后撤场时间、延时使用会场的收费标准也应该在合同中有明确规定,以免影响宴会场地的再次出租。

(2)公共区域面积使用的收费标准。宴会活动的一个重要特点是几乎所有的宴会都要使用公共区域。在酒店的入口、大堂以及宴会厅门厅处,主办方会使用指示牌、座位图标等指示标志,有的宴会甚至需要使用花篮、引导标志等营造宴会的氛围,彰显和宣传文化。因此,考虑到酒店的宴会场地,尤其是同时拥有几个大型宴会场地的酒店,在合同中要对宴会活动中公共区域面积的使用有明确说明。合同中公共区域面积使用的收费可有不同方法。例如,一种是规定不同的宴会根据其场地面积可以享用一定比例的公共区域使用权,超过的部分则需另收费。第二种是将酒店的公共区域视为可出租的场地,将其使用情况列入酒店的预订系统,避免公共区域重复预订引起纠纷。

(3)用电和网络费用收费标准。宴会的搭建彩排可能持续几天,相关设备组的用电、工作人员的上网是否需要收费都应该在合同中有所说明。很多酒店由于承接的宴会活动规模较大,在合同中还明确了是否需要分开计算电费、上网服务费用等。

**2. 双方授权签单人与联系人**

大型宴会活动,酒店可能会临时组建一个统筹小组分部门协调,以提高效率。同时,主办方也可能安排若干工作组来分管各个不同的服务与协调内容。对在活动举办期间可能发生的服务项目的增加或减少的情况,要与客户用书面文件形式注明宴会活动的授权签单人,以确保活动时所产生的合同中未涉及的费用能够有保障。例如,对宴会流程的更改、对餐饮活动出席人数的变更等,都需要合同中的授权签单人来按照酒店操作流程确认。这种做法可以避免主办方在最终结账时因为服务项目的增加超过预算或服务内容减少,导致客户对服务质量不满引起投诉。

**3. 宴会出席人数**

宴会出席人数对酒店来说非常重要。而在洽谈阶段,大多数主办方只能给酒店一个估计出席人数。随着宴会策划工作的进展,出席人数可能会有所调整。为确保做好宴会服务工作及保障自身利益,酒店通常会与主办方在合同中约定在一定时间期限范围内确定的"最低保证人数"或称为"保证政策"。这是宴会统筹人员在合同确认阶段必须向客户解释和强调的内容。"保证政策"并没有统一的标准,要结合每个酒店的具体业务情况。

在餐饮活动中,根据宴会规模大小,部分酒店会要求主办方至少提前 72 小时或 48 小时向酒店提供宴会的最低保证人数。例如,如果主办方预计出席宴会活动的最低保证人数是 300 人,而当天实际出席人数 265 人,那么主办方仍然需要支付酒店 300 人的费用。如果宴会实际出席人数高于最低保证人数,有经验的统筹人员会建议餐饮部门在备餐与摆位时留有余地。避免服务部门临时增设餐位,厨房紧急备餐,打乱服务计划,难以确保服务质量。

目前,大多数酒店都会在备餐时候接受比保证人数多 10% 的量,但实际操作中,厨房只准备多 5% 的食量,最后按照实际用餐人数计算。

统筹人员在签订合同时要提醒客户宴会最低保证人数的估算方法以及酒店的相关政策。同时,也要在活动进行中随时关注宴会整体的进展情况,在关注酒店利益的同时也维护客户的利益,避免出现尴尬局面。

宴会合同所涵盖的内容还有很多。针对宴会活动的特点,上述收费标准与内容、合同双方的联系人与授权签单人以及出席宴会的最低保证人数是合同签订过程中策划人员必须与主办方重点强调的方面。

### (二)合同协议书及文本

在签订合同的过程中,由于各个酒店的经营情况和财务系统要求不同,主办方要求的多样性和复杂性,统筹人员要注意不同客户的特点。此外,宴会接洽过程中,视不同客户的特点及宴会的主题,统筹人员有时候有必要以委婉的方式让客户知道客人的某些行为在酒店中是不受欢迎的。例如,在一些庆祝晚宴或鸡尾酒会中,有些客人会喝醉,他们担心服务人员不再提供酒水,就请自己的朋友去取,导致最终无法控制自己的行为。因此,若在宴会中需要大量酒水,统筹人员最好能让客户了解酒店对行为失控的客人可能会采取的做法和相关规定。大多数情况下,遇到较为尴尬的局面,酒店会先请主办方来处理,以免使客人感到难堪。总之,如果事前能够将相关规定告知主办方,会减少宴会中出现的意外状况。

宴会合同书的样本也根据酒店宴会场地规模、接待规格等的不同而各异。一般小型酒店的宴会合同内容相对简单,以宴会部门或餐饮服务部门为主完成宴会的接待任务。但是大型宴会需要涉及工程部门、安保部门、客房部门、财务部门等,每个部门都要在不同时间接受不同的任务,因此一般酒店大型宴会的合同书中涉及的内容包括住房情况、搭建管理、餐饮需求、用电要求等。下面是宴会合同样本,仅供参考。

# 宴会合同样本一

## 上海××酒店宴会合同

××酒店宴会合同

本合同是由上海××酒店与××公司为举办宴会活动所达成的相关条款,具体内容如下:

宴会日期及时间:　年　月　日(星期　)　时　分至　时　分

宴会地点及场所:

最低保证人数:　　　　　　　　　　预计出席人数:

座位安排:

菜单标准及内容:

饮料:

付款方式:

已预付订金:

其他服务要求:

客户签字:　　　　　　　　　　　　酒店宴会部负责人签字:

公司盖章:　　　　　　　　　　　　酒店盖章:

公司地址及联系电话:　　　　　　　酒店地址及电话:

签约日期:

说明:本宴会合同经双方签字后生效。一式四联,一联由顾客保存,二联由财务部留存,三联预订部留存,四联宴会部经理留存。

# 宴会合同样本二

甲方:AA酒店

名　称:

地　址:

乙方:

名　称:

地　址:

乙方于＿＿＿＿年＿＿＿＿月＿＿＿＿日至＿＿＿＿年＿＿＿＿月＿＿＿＿日在甲方举办＿＿＿＿活动。

根据《中华人民共和国合同法》及相关法律,甲乙双方本着自愿公平、诚实信用的原则,经协商一致,订立以下合同,以资共同信守。

一、合同金额与支付

1.合同金额。本项活动预计消费总金额为人民币(大写)＿＿＿＿＿＿＿元。

其中,客房:＿＿＿＿＿＿＿＿＿＿元人民币;

会场:＿＿＿＿＿＿＿＿＿＿元人民币;

餐饮:＿＿＿＿＿＿＿＿＿＿元人民币;

其他服务与费用:＿＿＿＿＿＿＿＿＿＿元人民币。

2.订金。乙方应在活动的60日前,即＿＿＿＿＿＿年＿＿＿＿＿月＿＿＿＿＿日前向甲方支付活动总金额的10%,计人民币＿＿＿＿＿＿元作为订金。

3.预付款。乙方应在＿＿＿＿＿＿年＿＿＿＿＿月＿＿＿＿＿＿日前向甲方预付活动金额的80%,计人民币＿＿＿＿＿＿元作为活动预付款。

付款方式为:

A.现金(或等值外币)　　B.支票　　　　C.汇票或本票　　　D.转账支付

4.如甲方未在约定日期内收到预付款,视为预订撤销。恢复预订将在收到预付款后视当时客房与场地情况而定。

5.由于预订时间限制,乙方需在活动开始前3天支付预付款,为确保乙方如期举办,甲方只接受以下付款方式:

A.现金(或等值外币)　　B.汇票或本票　C.信用卡有效消费

6.乙方应在活动开始当日提供有效信用卡、现金或其他银行票据作余款担保,以保证活动顺利进行。

7.活动完毕后,乙方当场以现金、有效信用卡或银行票据结清余款,订金及预付款凭相应单据予以冲抵。

二、服务事项

(一)客房

1.乙方预订客房数量如下:

**乙方每日房量需求列表**

| 客房类型 | 月　日 | 月　日 | 月　日 | 月　日 | 单价 | 总额 |
|---|---|---|---|---|---|---|
| 高级园景房—单人 | | | | | | |
| 高级园景房—双人 | | | | | | |
| 高级海景房—单人 | | | | | | |
| 高级海景房—双人 | | | | | | |

续表

| 客房类型 | 月　日 | 月　日 | 月　日 | 月　日 | 单价 | 总额 |
|---|---|---|---|---|---|---|
| 豪华海景房 | | | | | | |
| 临江商务套房 | | | | | | |
| 海景行政商务套房 | | | | | | |
| 海景行政豪华套房 | | | | | | |
| 总统套房 | | | | | | |
| 总数 | | | | | | |

以上价格均加收 15% 的服务费,并含一份或两份中西自助早餐。

每个加床将另收人民币 300 元。

2. 预订确认

■ 请于团队到达前确认乙方的团队用房数,并提供一份准确的住客名单以确保他们顺利入住。所有未用客房预订将被自动取消,如需增加用房,须视当时客房情况而定。

■ 团队到达 90 天之前

第一次客房预订跟进。此时已预订客房夜次数量的减少将不会被收取费用。

■ 团队到达 30 天之前

第二次跟进。请向甲方提供一份初步的住客名单。在此时若减少少于 10% 的客房房夜预订数量将不收取违约金。超过 10% 的客房取消,每间所取消的客房都将会被要求支付一天的房费作为违约金。甲方将会取消这些客房的预订。

■ 团队到达前 14 天

最终确定。此时甲方需得到最终的住客名单及所有信用卡资料,此日之后发生的任何客房房夜数减少和取消,每间所取消的客房都将会被要求支付全部预订天数的房费作为违约金。

3. 最终确定之后,发生的住房、住客减少和退房,甲方不再退还订房费,作为违约补偿金。

4. 甲方将提供自费客人预订单,并根据预订及时作出确认。如果预订单由乙方自己准备,请根据甲方的格式要求尽早提供,以便甲方得到完整预订信息。

（二）会场及餐饮安排

**会议要求**

| 日期 | 时间 | 地点 | 保证/预计人数 | 布置 | 场租 |
|------|------|------|---------------|------|------|
|      |      |      |               |      |      |
|      |      |      |               |      |      |
|      |      |      |               |      |      |
| 备注 |      |      |               |      |      |

乙方如用会议包价须有最低人数保证,如乙方的活动人数低于这个最低保证人数,甲方将保留将乙方的活动改至较小会议室和收取相应会议室租金的权力。

■ 如活动实际时间超出原定时间,甲方将按小时收取延长会议场租(22:00 以后加收 50%)。

■ 如会场需提前几天布置,甲方将按天收取租金。

乙方应预先将布置计划书、会场效果图交甲方确认。如需甲方帮助制作条幅、背景板进行舞台布置等事项,应提前向甲方书面明示制作的内容和要求,并缴纳相应费用。甲方将根据会场实际出租情况,为乙方免费提供会议开始前 2 小时准备时间,如果超过 2 个小时,甲方将额外收取会场租金。

**餐饮要求**

| 日期 | 时间 | 地点 | 保证/预计人数 | 布置 | 价格 |
|------|------|------|---------------|------|------|
|      |      |      |               |      |      |
|      |      |      |               |      |      |
|      |      |      |               |      |      |
| 备注 |      |      |               |      |      |

预计/保证人数

■ 请在宴会开始前 72 小时确认乙方的预计人数和保证人数,预计人数和保证人数之差应不超过 10%。

■ 如乙方实到人数少于保证人数,甲方将根据保证人数计费,如实到人数超过保证人数,甲方则根据实到人数计费。

■ 宴会时间超过晚上 10:00,将加收整个宴会营收的 2%,作为延时收费。

（三）其他服务与费用(广告阵地,公共区域搭建,视频音频等设备)

甲方免费提供会场基本扩声系统和 2 个台式有线话筒。

| 项目 | 要求 | 费用 |
|------|------|------|
|  |  |  |
|  |  |  |
|  |  |  |

接直线电话 RMB200/根/会期,电话费按实际结算;

宽带上网设施(甲方综合宽带 100M),单机宽带上网费每端口每天 500 元人民币,连接在客人自带路由器或转换器上的电脑上网费每台每天 200 元人民币,每个 IP 地址每次活动一次性收费 250 元人民币。

三、其他权利与义务

1. 甲方应按合同约定的服务事项、规格、要求提供服务。

2. 乙方应按约定妥善使用甲方提供的设施、设备、餐具,如造成短少或损毁应赔偿相应的经济损失。

四、违约责任

1. 订金的交付为本合同的成立要件。乙方在交付订金后停办本项活动的,或甲方在接受订金后未提供本项活动的,依法适用订金处罚规则。

2. 取消和延期的约定。

(1)如乙方在合同签订后取消或部分取消合同,甲方有权收取违约金,数额自甲方收到乙方书面取消通知日起以会议和餐饮活动费用为基础分段计算。

(2)如部分或整个活动取消或延期,甲方将按以下时间表不同程度收取相应违约金:

①活动开始前 180 天内通知取消或延期的,甲方将收取全部活动金额的 30%。

②活动开始前 90 天内通知取消或延期的,甲方将收取全部活动金额的 50%。

(3)如乙方必须推迟举办活动的,在乙方按以上条款支付违约金的条件下,甲方将同意延期举办活动。

(4)延期后,如因档期或其他原因,甲方无法向乙方提供要求的场地或服务,乙方有权撤销合同。此时,甲方仍应不延迟地按上述规定向乙方支付违约金。

(5)乙方有权对因此遭受的其他损失向甲方提出索赔。

(6)任何一方提出因故变动本项活动时间的,双方可协商签订变更合同;如因此对另一方造成经济损失的,由提出方承担。

3. 乙方如延迟交付活动余款的,按每日 0.5% 支付违约金。

4. 合同的变更与解除。

双方约定的服务事项如有变更,应在活动开始 3 天前与对方协商,并签订变更或补充协议。

乙方在宴席开始前8小时内提出增加就餐人数的,甲方有权对菜单及服务内容作适当变动并向乙方加收20%的加急费。

由于不可抗力、政府行为,直接或间接导致不能履行本合同的,双方可按法律规定作免责解除,必要时另签变更或解除协议。但应当及时通知对方,以减轻可能给对方造成的损失,并应当在合理期限内提供证明。

五、争议解决方式

本合同项内发生的争议,双方应协商解决;协商不成的也可请有关部门调解,或选择以下方式解决:

□向黄埔区人民法院提起诉讼　　　　□向上海仲裁委员会申请仲裁

六、特别提示

1. 本合同如有未尽事宜及履行过程中发生需变更、需确认事项,均由合同双方合同"授权代表"签字认定;如需另委托他人办理的,须出具由原单位加盖公章的变更授权书。

2. 本合同附件所列内容经双方认定后与本合同有同等法律效力。

3. 本合同一式四份,双方各执两份,经签名、盖章后生效。

## 客户须知

一、客房

1. 登记

为了更有效地办理客人入住手续,甲方希望得到以下信息:

客人姓名、公司名和职务;

房间类型要求;

抵离店日期和时间,航班信息,接机要求;

信用卡号码和到期日期;

身份证号码及其他有效证件;

护照号码、出生日期和国籍;

签证号码、类型和签证有效期;

特殊的付款要求及其他特别需求。

2. 入住及退房时间

入住登记时间为入住当天下午2点。如乙方希望所有早到客人的房间在其入住前就准备就绪,我们建议乙方为这些客人早订一晚,房价将仍按团队价计。

退房时间为离店日中午12点。如乙方客人希望延时退房,甲方将对18点前的退房收取团队优惠房价的50%,对18点后的退房收取一夜的团队优惠房价,优惠价格参照当季房价具体协商。

3. 担保

预订可由预付订金及信用卡作为担保。如果所有或部分客房的房费由乙方客人自己承担,我们将要求乙方客人在预订房间时提供他们的信用卡信息作为担保。乙方客人入住时须提供信用卡或现金抵押,并在离店前结清其住宿房费及相应杂费。未作任何信用担保的房间,甲方可以不做任何保留。

4. 未到预订的追加收费(NO - show)

已确认的预订如发生乙方客人未到,甲方将向乙方收取全部预订天数的房费。

5. 提前退房

预订确认后,乙方所有在 Check - In 之后发生的提前退房都将被收取一晚的房费。

6. 提前入住及延长住宿

如果乙方客人要求提前入住或延长入住天数,都将视甲方实际情况方予以优先考虑。

二、餐饮

(一)中式宴会

1. 基于乙方提供的最低保证人数,酒店提供当季菜单供乙方参考,具体菜肴可以视客户要求进行调整。宴会中酒店将提供免费服务项目,具体包括:酒店现有的与宴会厅风格相配套的桌裙及椅套供客人选择,专职的宴会活动统筹协调及餐饮服务人员,餐桌椅摆放等。

2. 饮料包价,具体有以下方案:A. 饮料包价:提供 2 小时畅饮啤酒、果汁及矿泉水,超时供应按每人每小时另计;B. 提供 2 小时畅饮本地红酒、软饮料、啤酒、果汁及矿泉水,超时供应按每人每小时收费。饮料报价也同样收取 15% 的服务费用。

3. 宴会开瓶费。酒店原则上谢绝乙方自带食品、酒类及饮料至甲方消费。如经协商,甲方不能满足乙方需要,乙方带入甲方的饮料需收取相应开瓶费。具体标准为:白葡萄酒或红葡萄酒开瓶费为每桌 500 元;烈酒或香槟酒每桌开瓶费为 1000 元(酒会另行指定标准)。

4. 鲜花布置:甲方免费提供签到桌的鲜花布置。如需要特别或个性化的鲜花布置,请提前 2 天通知,品种及价格视具体市场价格由销售人员与客户协商。

三、会场

(一)视频音频设施

甲方会为乙方提供活动所需音频、视频设备,附上本甲方视听设备价目表供乙方参考。原则上甲方拒绝乙方自带设备进场。

如若甲方现有设备不能满足乙方活动要求,乙方自带设备进场,则甲方需酌情收取一定的设备进场管理费用,同时乙方要将音频、视频布置方案的设计图纸以及使用材料等提交甲方予以确认。甲方保留所有同意和/或修改方案的权利。

(二)会议室

请乙方务必于活动前一周告知详细的会议室布置要求。甲方在合同签订后会提供相关的楼层平面图及会议室信息。

(三)指示标志

甲方按照要求为乙方活动提供不少于3块信息指示标志,具体内容由乙方在活动开始前提供。

(四)议程安排

活动议程最终确认后,甲方希望能得到乙方活动议程的备份,以便安排人员为乙方提供更好的服务。

四、付款要求

(一)总账要求

如由乙方支付所有费用,甲方将把所有由乙方指定授权人签字的账单都转入总账(Master Account)内。会议结束当天,甲方将会提供消费明细账单,经由乙方签字确认后以现金或信用卡形式即时支付余款。或在收到甲方账单后数日内通过银行转账支付,转账支付需要乙方提供一份盖有公司公章的担保信作为担保。

(二)个人账务

活动期间,乙方客人将要负责其个人账务,如房费包括税金等的杂项费用。所有此类费用将由乙方客人在离店结账时支付。在任何情况下,乙方都将负责其客人未支付之消费费用。

(三)信用授权

请乙方以书面形式确认可签总账之授权签单人。所有由此授权签字人签字认可的账务将一并计入总账。如有挂账需求敬请知会,需要与甲方信用部安排处理。

(四)结算货币

所有费用将以人民币结算,若需以外汇结账,甲方将根据当天汇率换算成人民币结算。如有必要,甲方将向乙方索取由于使用其他货币结算而引起的损失。

(五)银行账号

如乙方选择汇款方式支付预付金,请使用以下账号:

账户名称:AA酒店

开户行:

银行地址:

邮政编码:

电报挂号：

电传：

电话：

传真：

人民币账户：

美元账户：

银行交换代码：

为方便甲方追进乙方所支付的预付金到账与否，请在发出电汇后，传真给甲方电汇凭证的复印件作为记录之用。

五、安全及消防

所有展示、展览及布置须符合甲方相关安全的规定及中华人民共和国消防安全条例、上海市特种行业和公共场所管理条例。

乙方须保证带至甲方的展示品及设备等不对甲方设施设备造成损失及破坏，不对各类人员造成伤害。否则，所引起的损失、破坏及伤害均由乙方负全责。

乙方须知甲方不承担公共及私有财产的保险，乙方应独立承担业务中断、财产损坏及其他损失的保险。

展览或会议期间，甲方安保部将协助支持，但不包括在展区或会场内设立安保人员。

活动期间乙方指定的所有承包商须遵守甲方"承包商手册"中的规定，承包商须确认该手册后方可进入甲方。

物品出入应提供乙方带入设备的清单，以便带出甲方时核查。甲方谢绝食物（包括盒饭、饮料、水果等）入场。严禁在场地内外燃放烟花爆竹、严禁在场地内使用明火。会场内禁止吸烟。

为了避免散场时车辆拥堵，乙方可事先向甲方提出保留停车车位要求，甲方给予优先照顾。

| 甲方 | 乙方 |
|---|---|
| AA 酒店 | 单位名称： |
| 电话： | 电话： |
| 销售经理： | 授权代表（职务、授权范围）： |
| 电话：(8621) | |
| 传真：(8621) | |
| 电子邮件： | |
| 销售部经理： | 联系方式： |

市场营销总监

____年____月____日                      ____年____月____日
酒店盖章                                公司盖章

## 三、发布酒店宴会联络函及内部任务通知单

### （一）宴会联络函

大型宴会的预订以及合同签署时间大都在宴会活动举办之前 3 个月甚至更早,因此为保证服务质量,一般酒店会规定宴会统筹人员视不同的客户情况提前10 天再与客户进行联络,确认宴会活动,与此同时,提醒客户告知酒店是否有需要变更的宴会服务信息。通常采用发送信件或电子邮件的方式联络。以下是酒店统筹服务人员联络函(范本)。

---

上海××酒店

尊敬的××公司李女士:

我们非常高兴您能选择上海××酒店于 2011 年 12 月 24 日至 2011 年 12 月25 日举办贵公司的全球年会。

作为贵公司此次宴会活动的酒店方统筹人员,我将负责你们宴会场地布置、视听设备配置以及客房安排、用车安排等活动期间一系列服务。

为确保活动的顺利进行,我想再次与您核实贵公司预订,如需更改相关服务内容,请务必于活动开始前七个工作日联系我,以便我们双方协商准备。

如贵公司需要将宴会活动相关材料寄到我酒店,请使用以下地址:

上海××路××号××酒店

销售部 ××收

邮编:20××××

请说明公司及活动名称,我们将为您保存资料至活动结束之日。

希望上述信息有助于您对会议的最后安排,我希望此次能与您一起合作确保活动圆满成功。如有任何问题,请随时与我联系。

此致

敬礼

活动统筹人:

中国上海××路××号××酒店       邮编:20××××

TEL:86 - 21 - ×××××× FAX: 86 - 21 - ×××××

E-MAIL:××××@ sina. com. cn

---

**（二）酒店内部任务单**

与客户联络确认无服务信息更改后,统筹人员于宴会活动开始前5个工作日应该发布一份具体的任务单,即类似酒店内部公文的活动通知单(Event Memo 或 Event Order),告知各个部门在此活动中所应负责的服务工作。一些规模大、规格高的宴会活动应根据酒店经营情况提早发布。

成功举办一次活动离不开各个部门的紧密衔接配合,所以一份好的活动通知单要清楚地将所有工作事项列出来。通知单要包括合同书中所涉及的主要服务要求、要求各部门提供的服务项目,例如活动的时间、公司的联络人、活动的授权签单人、会议的流程、宴会的桌数、菜单、搭建场地的时间和要求、调试彩排的时间安排、客人的个性化服务要求等。在一定程度上,酒店内部活动通知单是各个部门的工作安排表;服务人员可以从活动细则表中得到需要的信息来安排和统筹考虑布置席位和餐具;厨师能够根据菜单和预计出席的客人数计算出所需订购的食品以及菜肴加工制作和服务;酒吧能够根据客户所预订的酒水品种进行申购以及确定酒会的服务方式;会场服务部门的人员能够知道会议进行中何时需要布置颁奖台、仪式中是否需要准备香槟酒、场地的租用情况等;酒店行政部门则可以根据活动的规模和级别安排酒店方代表迎候客人;在酒店人手不足的情况下,人力资源部门可能还需要帮助餐饮或会议部门对外借人员进行管理等。总之,任何涉及活动的事项都应该尽可能详细地记录在任务单中,以使信息传递更加有效率。

概括来讲,酒店各部门大致工作内容如下:

餐饮部:根据场地示意图摆放餐台;根据顾客的菜单,准备所需的器皿以及布件、装饰,并制订具体服务方案。

安保部:安排活动车辆的停放事宜,协助疏散进场和散场的人群;督导夜间进场搭建人员工作;检查会场搭建消防安全、对进出酒店设备进行监督等事宜。

工程部:依据活动通知单,安排电工协助客人用电以及夜间彩排、架设灯光设备、保障用电安全等事宜。

会议部:按照任务书的要求布置会议场地、准备茶点、安排活动仪式中所需要的服务用品;协助顾客制作海报、打印席位卡、指示牌等。

活动通知单是部门与部门之间沟通的桥梁,是各个部门管理工作的参照,是一线人员服务安排的主要参考。它可以确保酒店内部快速、直接地传递信息,获得最佳的工作成效。

但对于酒店的一些特殊接待任务,例如对安全要求极高的一些重大的宴会或会议、国宴或国家领导人参加的会议,酒店不能以发放任务书的形式来传递信息。此类安全和保密级别较高的活动,大都是总经理一人掌握较多的活动议程信息,分别向各个分管部门的总监传达,而非采取召开协调会议的方式来统筹协调,信息传达范围也有严格的要求。根据各个酒店的情况,活动的保密信息通常不传达到总监或部门经理以下人员。而活动中所涉及的所有用料、用品等都需要取样备案,通常宴会有国家的警卫人员、安全人员全程参与其中。

# 第三节　宴会账目管理与搭建管理

## 一、宴会服务账目管理

大型宴会活动与零点餐厅和宴会包房的账目不同之处主要有两点。一是大型宴会的营业收入涉及服务内容较广,包含酒店服务及产品的方方面面,可能有客房、会议收入,也有各类代收、代付费用等;二是同一宴会活动中各类费用的消费类型、支付方式以及付费对象也不尽相同。

为准确处理宴会活动中的各项明细账目,大多数酒店一般会采取以下两种方式管理宴会账目。一是只在餐饮部门建立宴会专用账户。这种方式通常适用于小型宴会,与会客人在酒店的消费内容相对集中的情况。餐饮部门宴会专用账户会记录客人在酒吧、停车、场地布置时发生的电费、搭建以及设备管理费用、餐饮费用等。

二是在酒店前台设立大型宴会活动账户。宴会议程多、规格高、规模大,酒店接待与会客人的标准多样。针对此类宴会酒店通常会设立一个代号作为宴会活动的专用账户,一般在酒店前台以虚拟房号的形式存在。宴会活动过程中发生的场地搭建费用、餐饮费用、主办方安排与会客人住宿费用、接机费用、停车费用或在酒店其他部门发生娱乐费用以及其他的服务收费内容全部计入虚拟的专用账户。

与此同时,酒店各个部门在完成宴会服务后,可以根据任务书所标示的宴会专用账号,在客户签字确认后,在所属的收银网点进行账目处理。

建立宴会专用账户可以及时汇总宴会活动的消费内容和消费额度,既方便财务部门内部稽核,也方便客人随时查询。在宴会结束后,由专用账户打印给客人的账单具有逐笔、序时、明晰的特点,减少对账时间,降低了延迟付款的概率,确保酒店资金运转。

## 二、背景装饰与指示

### (一)背景装饰

#### 1. 背景装饰的作用

背景装饰是一种无声的语言,背景与装饰运用得当会给与会客人一种舒适的亲切感或者能让客人融入环境,其在宴会活动中的首要作用是使客人感到受尊重,其次背景装饰是非常好的表达主题的方式。

（1）背景装饰使与会客人感觉受到尊重。即使是最简单的装饰都会使客人感受到主办者及酒店的用心所在。宴会不是简单的聚餐，宴会是需要根据主题策划的活动。而参与其中的客人的感受不仅仅来自于菜肴，还来自于现场营造的"文化氛围"。而在宴会厅这样一个有限的空间内，通过背景装饰表现"文化氛围"是最为有效的方式。客人走进一个没有任何装饰的会场，给予他的认同感是非常低的，在这样的环境中，大多数与会者会保持沉默，持一种观望态度，因为找不到任何可以让彼此迅速理解并进入沟通的桥梁。

（2）背景装饰能表达宴会的主题。背景装饰是宴会主题最为有力的表现工具，让不同文化背景的客人进入宴会场地时迅速找到沟通的共同点或者唤起对某种事物的美好回忆，产生对即将在宴会厅展现的活动的一种期待。例如，参加婚宴的客人来自各个行业与阶层，有着各自不同的文化背景，但中式婚宴场地布置的喜庆红色装饰会使所有的与会者沉浸在一种文化认同中——"中国红"代表喜庆吉祥。若现场布置以西式婚宴的纯净的白色为主色调，会唤起与会客人对婚姻仪式的庄严感的认同。又如，参加公司年会的员工在进入场地的时候可能立刻可以发现公司的标志，或者公司文化的象征物。这些背景装饰都会为与会者们增添一种凝聚力，彼此之间的沟通也因为在这样陌生的宴会场地中找到"共同点"而更加顺畅。这些对于主办方表达宴会的主题都有非常积极的意义。

**2. 背景装饰选择要点**

现在的装饰材料可供选择的品种和材质越来越多，但是在挑选材料上，要注意以下几个方面。

（1）确保所有的背景设计都为主题服务。首先，注意背景设计的层次感。层次感主要来自于色彩的层次、光线的层次两方面。色彩的层次并不是指色彩的多样，而是需要把握好室内色彩搭配与协调，以及视觉的感受。例如，要考虑场馆设计中背景板颜色与原有的地毯、窗帘、墙面、家具的颜色是使用同一色系还是使用色差大的对比色。即使是单色彩构成中也有暗色系列、冷色系列以及光泽系的区别。不同色调所营造的氛围有很大区别。光线的层次则是指场馆的灯光在亮度和色彩上应有所区别。

其次，在背景装饰材料的选择上，应充分运用人的视觉、听觉、触觉、嗅觉、味觉，合理分配各方面的比例。针对不同的宴会场地，背景装饰的运用可以非常有技巧地突出那些使人舒适的元素，而将那些不利的感官元素影响降至最低。

（2）运用熟悉的文化元素表达主题。首先，在主题创意与表达上可以通过电视或电影等媒介得到很多信息。但是每位与会嘉宾对主题的理解却依赖于个人经历和经验。因此，背景材料的选择不能太过于冷僻，要始终围绕主办方的议题。宴会的主题、标语或者最显眼的标志最好能够将涉及的所有与会者的文化都"打包"囊括进去,使不同文化背景的人都不至于对宴会的场景感觉太陌生。正如一个需要解释的笑话不是一个好笑话一样,一个需要解释的、使大多数客人感到生疏的宴会主题也是一个失败的主题。一场宴会不是要宣传或解释一个概念,而是围绕某个主题的聚会,一些熟悉的文化元素可以让与会者立刻理解并参与其中。因此,在背景装饰的选择上首先要考虑其营造的氛围与宴会所表现的文化有多少共同之处。这也是设计背景与装饰,了解宾客的种族、文化背景以及风俗禁忌的重要性所在。

其次,一个宴会在确定了一个清晰的、令人感到熟悉的大主题前提下,还应运用文化标记来给不同背景的与会者以认同感与归属感。同一场宴会中并不排斥不同风格装饰背景与文化表达的存在。国内现在各地区的婚宴就是多文化元素共存的例证。以上海地区为例,很多酒店的婚宴现场都是中西合璧式的,其婚礼的过程也是中西融合。在婚宴场地的装饰中,中式婚宴既有传统的红色调布置,也会铺设供新郎新娘通过的红地毯、香槟塔。在婚宴主桌的摆设上,既有传统习俗上方的子孙桶,也有风格鲜明的西式插花陈列其中。这些装饰之所以成为一种流行,源于与会嘉宾对中西式这两种不同婚礼仪式的认可。纯粹的西式婚宴布置会让部分持传统观念的年长者感觉冷清、不热闹;而完全的中式布置与礼仪让年轻人感觉太过烦琐,与自己的生活相去甚远。类似的例子还有很多,例如商务宴会时的"中餐西吃"或纯正西餐的"本地化"。这些都需要宴会策划人员在与客户洽谈时给予建议,同时对于这些装饰背景的需求,统筹人员也要及时捕捉信息,寻找那些在主题宴会中最能表达氛围的装饰与背景。

### (二)宴会指示系统

作为活动体验和场地背景装饰的一部分,宴会指示系统也是宴会主题的延伸。指示系统利用其可视性为与会客人提供线索与信息。很多的主办者都在酒店原有的指示标示的基础上设计与自己宴会风格一致的指示系统。

#### 1. 宴会指示系统的内容

宴会指示系统要有明显的可视性、合理的符号系统、恰当的与环境相融合的设计风格。归纳起来,宴会指示系统需要为客人提供以下三方面最基本的信息。

(1)客人所处的位置;

(2)客人目的地的方向;

(3)客人去往目的地的最佳路线。

#### 2. 宴会指示系统的使用

对与会客人来说,宴会活动区域的指示标志同样给人以积极的心理暗示,凸显宴会的主题和文化。对于宴会这种以团体形式进入酒店消费的活动来说,合理的指示系统不仅有助于为客人指引方向,提供一种安全感,更重要的是对于组织和疏散人流、车流,保障活动安全都有很大的帮助。

宴会活动中经常采用指示系统、指示牌以及引导员。

首先,图标、数字以及颜色是宴会中常用的指示。图标通常用来指引方向,如卫生间、楼梯、紧急通道、电话、灭火器等,是酒店原有的标志系统的一部分,且这些图标标志都为国际通用。一般统筹人员不建议主办方在使用宴会场地时对其加以装饰,以免影响其作用。

数字标志和颜色标志多用在宴会场地的区域分隔或宴会座位号牌指示,方便客人在入场时快速找到自己所在区域,并指引客人从不同的方向进入宴会场地。一些大型宴会还需要在宴会厅的门厅处以不同颜色区分嘉宾、代表以及工作人员的就餐区域,避免人流拥挤在宴会厅的入场处。

其次,针对不同规模和规格的宴会,为帮助客人更快找到自己的位置,酒店还会适当增加一些电子指示牌,或者在一些关键位置临时摆放移动的指示牌。这两种指示牌都具有较大的灵活性,可以随时更改内容。移动的指示牌重量不要太沉,最好能轻易被移动或折叠。酒店移动指示牌的形式最好统一,便于安装,并确保不存在安全隐患,且易于保养。

**3. 宴会指示系统的设计要点**

(1)每处地点只设唯一标志。尽管每次不同的宴会都有其特定的主题和风格,但是统筹人员要特别注意不能在同一场宴会中,在同一个地点使用两个或两个以上的标示;在使用同一种指示标志的前提下,注意尽量使用相同的颜色和称谓。

(2)设计宴会人流最容易辨识、最合理的行进路线。对统筹人员来说,掌握当天酒店所有宴会厅的出租情况还不够,还需要设计一条最为合理的、最容易找到的进入宴会厅的路线,避免同当天酒店的其他团队客人或搭建施工人员的行进路线相冲突。同时,宴会活动的指示系统也要避免过度装饰,使客人无法在最短时间内看清楚指示内容。

(3)指示系统中不要给客人太多的选择。一个指示标志最好只有一个目的地或行进路线,不要在一个指示系统中为客人指引两个或者两个以上的方向。另外,可能对统筹人员来说,酒店的宴会厅很容易找到,但是对第一次进酒店消费的客人来说,他们的行进路线完全依赖宴会的指示标示系统。所以,一个好的指示标示系统要方便第一次进酒店的客人寻找方向。

(4)在关键位置设置指示标示或者移动指示牌。有时候宴会的主办方由于希望自己的客人能轻轻松松地找到活动场地,因此总是希望多放置指示牌。但是过多的指示标示有时候并不利于酒店的整体环境,尤其是在宴会场地出租率较高的时候。统筹人员要设计合理的指示系统标示位置。在放置指示牌的时候,以"精

"确"取胜而非以"数量"取胜。

（5）尽可能多使用国际通用标志。作为信息沟通的一种方式，指示系统也要建立在共同的文字符号系统及相同的文化语境上才能实现其功能。尽量使用国际通用的图标标示能为不同文化背景的客人提供更多的方便和安全感。

### 三、宴会场地搭建管理

对宴会这样的大型活动来讲，安全是第一要务。宴会场地的搭建管理是非常重要的一项工作，不仅涉及会场的安全，对与会嘉宾的人身安全意义更为重大。从安全、效率的角度，宴会场地搭建管理需要宴会策划人员统筹安排很多的关键工作。

#### （一）宴会场地搭建的消防安全管理

对宴会场地搭建的消防安全管理主要从审核搭建图纸以及搭建公司资质着手，这是确保会场搭建安全的根本。宴会统筹人员在接洽时应该为客户解释清楚酒店关于搭建场地的要求，在为客户设计宴会座位图表时也应该标注哪些是可用空间，哪些是安全消防区域以及每个会场根据其面积大小规定预留的主通道面积、副通道面积等要求。

**1．检查资质，审核图纸**

酒店首先要了解搭建公司的资质。为确保安全，酒店一般不会允许没有资质的非专业公司进场搭建。搭建公司进场前，要与酒店签订安全责任协议。协议中的内容主要涉及用电、展位、展品、指示牌、舞台布置等要求。例如，根据面积不同，场地内保留的疏散通道的宽度一般不小于3米；舞台下方空间禁止堆放任何物品；并且所有通道应始终保持畅通，不得堆物；展板、指示牌等摆放位置不得堵塞或妨碍安全疏散门。

其次，检查施工图纸是否与合同书上的内容相吻合。搭建公司不得随意更改施工图纸，并需要交安保部门备案，或经审查后作为合同附件保存，在搭建过程中，酒店应随时予以监管。

**2．进场搭建人员管理**

酒店会要求搭建人员办理出入证件，并提供相关资质证书，避免违章操作。对工时较长的搭建工程，酒店还需要了解搭建人员的用餐及住宿安排，以便予以协助。

**3．运输搭建材料及使用物品的要求**

（1）搭建材料的运输安全。酒店设计时已考虑到了货物运输的需求，因此要求搭建物品一律从货运电梯运送。如有超长、超重物品须使用其他电梯时，要经酒店相关部门协商，并由专业人员到场看护后方可作业。因超长、超重物品的运输存在一定的安全隐患,统筹人员在与客户洽谈时应事先说明酒店对搭建材料的规格、尺寸要求,对易碎或有尖刺材料须包装好,以防搬运过程中损坏酒店设施。

对运送材料的时间和路线,宴会与会议统筹人员需要事先协调并告知客户,以确保酒店各场地活动能够按计划进行,避免出现运输通道堵塞或电梯使用冲突。

(2)对搭建材料的安全消防管理规定。包括背景板材料、冷烟火、礼炮等。所有的搭建材料必须采用不燃、阻燃材料或经过防火阻燃处理材料,使用防火地毯;严禁使用易燃泡沫板、未经防火处理的木质板材及石油化工系列塑料板材等材料;搭建现场严禁使用易燃易爆物品、化学危险品及有毒有害气体。机械展品如内燃机车、汽车、摩托车及各类汽、柴油发动机等,在室内展出时不得进行操作及维修,油箱应清空,电瓶须拆除。活动用指示牌搭建必须要牢固可靠。搭建材料的包装物要及时清理出场地并存放在指定地点,由酒店收取费用统一处理。活动的安全工作从细节着手才能防患于未然。

大型宴会场地设计时在天花板处都安装了吊点,用于悬挂宴会活动现场的装饰物或固定投影设备、灯架等移动设备。宴会场地内如需使用吊点,搭建公司须事先在图纸中注明,并在酒店工程部门相关人员的协助下方可现场施工。登高作业人员作业时应具备专业资质及采取相应的安全措施,登高作业超过 2 米,必须戴好安全帽、系好安全带。

**4. 对搭建公司使用酒店设备的规定或说明**

在舞台搭建、场地布置、材料运输过程中,为保护酒店地面,尤其是大理石地面或地毯区域,酒店要求搭建公司最好在地面上铺一次性地毯或木板。

运送搭建物品时,所有设备须用推车运送,不能随意拖拉;搭建方必须及时清理遗落在地面上的螺丝、铁钉等五金件,以免造成地面大理石损伤。

搭建完成后,包装材料及其他剩余物品应及时清理。

活动结束清场时,拆除舞台、展板等建筑垃圾的任务应在合同中注明具体负责人及时间要求,方便统筹人员或酒店相关部门人员联系沟通。

此外,酒店对搭建公司损坏场地设备的处理应该有相关规定,并及时告知说明。

以下是某酒店规定的搭建公司施工要求。

**上海××酒店搭建施工规定**

搭建公司须知

The Notice to Event Setting Up

| | |
|---|---|
| 1. Any set-up company has to ensure there will be no damages as well any illegal actions, in and outside of this building. | 1. 搭建单位不得在该建筑物内外有任何损毁破坏及一切违法行为。 |

| | |
|---|---|
| 2. The staffs and all bringing-in materials of the set-up company must come up from the east entrance of hotel and all materials must be confirmed by specific staff of centre, and anything dangerous, flammable, explosive will not be allowed to bring into the building, such as: welding machine, gas bottle, big power heater, etc. | 2. 搭建公司所有物品人员均由酒店东门进入,所有物品需得到酒店相关人员的认可。一切易燃、易爆等危险物品不得入内(如焊机、气罐、烟机、大功率加热设备等)。 |
| 3. The set-up company must provide the copies of ID card of the workers, list of the set-up materials, the effect of maps and schedule of set-up and dismantle, 48 working hours before binging in. | 3. 搭建公司在进场48小时前(休息日不计),统一提供工作人员身份证复印件以及进场材料清单,布展效果图和进场、退场时间表。 |
| 4. Hotel will not provide the car parking place and all vehicles of the set-up company must leave in time when the goods are moved out. | 4. 搭建公司运送材料人员车辆待物品卸车后一律自行离开,不提供停车位。 |
| 5. Once both sides have confirmed the binging-in time, the set-up company can not bring the materials in before and after the fixed time casually. Hotel will arrange relative staffs in cooperating the materials moving in, set-up, and dismantle work based on the scheduled time. All materials and workers of the set-up company must register at 1st floor. | 5. 搭建公司所申请进场时间,一经双方确认不得随意提前和推后。本场地按已约定时间安排相关人员负责布展方的进场、布展、退场工作。所有物品、人员需在一楼服务台登记。 |
| 6. The set-up company can not dismantle, move and change the equipments and decorations of banquet casually, and any hanging, sticking work need to notice hotel as signing the contract, or the action will be regarded as deliberate damage and the repairing work or compensation will be demanded for set-up company; All setting up should be abided "the Fire Statute" strictly. | 6. 布展公司不得随意拆卸、搬移、更改本餐厅物件,有任何悬挂、粘贴等工作须在合同签订时提前告知。否则将视为人为损坏追究布展公司赔偿、修复等责任。所有搭建应严格遵守"消防管理条例"。 |

| | |
|---|---|
| 7. Set-up company must inspect the site prior the set-up with hotel service manager, and write down the inspection details and sign. As soon as the set-up dismantled, again, the site needs to be inspected by both sides. A repair work, or compensation work will be demanded from set-up company, if there were damages existed. All the staffs of the set-up company must take "Temporary work card", which will be provided by hotel, and a deposit of 10 RMB per card will be demanded. The deposit will be returned to each work card when all dismantle work being finished. The person can not transit without the work card in the banquet. | 7. 搭建公司负责人进场前需与本餐厅现场负责人检查场地。写明情况并登记签字,退场后双方负责人再次检查场地情况并登记,如有损坏,视情况追究搭建公司赔偿、修复责任。布展公司员工一律佩戴酒店提供的"临时工作证",该证件由搭建公司负责人统一领取发放,并且每张交纳押金人民币 10 元。退场后双方互退。无"临时工作证",酒店无法给予配合。 |
| 8. All the materials need to be packaged, banded and the marble ground, elevates, wood floors, stair steps passed must be protected by blankets, to avoid any damages. | 8. 搭建公司进场材料要做好装箱、捆扎等保护措施,进场路线所经大理石地面、电梯、木地板、楼梯台阶等须用地毯等予以保护,以防损伤。 |
| 9. Except the section permitted in the contract, we do not provide any other places permitted to stay, to pass through, to having meal, to sleep in the restaurant of set-up company staff. The rest place, smoking area, washroom must follow the order by hotel internal training centre and no smoking in the interior. Any rubbish caused by the set-up, should be clean, and removed with the truck of the set-up company. The un-cleaned work cost will be deducted from set-up deposit. | 9. 搭建公司人员除合同规定区域为工作区外,其他区域一律不得逗留、穿行,不得在酒店内留宿、用餐。施工人员休息区、吸烟区、卫生间均须在指定区域。室内严禁吸烟。布展所产生的垃圾由布展公司统一清扫、袋装,并随车带离本建筑。未完成场地清扫工作将在该活动押金中扣除清洁费用。 |

| | |
|---|---|
| 10. Because of lacking of detail materials, which causes the set-up blocked and effect the up-coming event, set-up company, not the centre, will be responsible for the cost. Set-up company must strictly adhere to the safe work principle. Special work must hold the working certificate. The restaurant staffs have the rights to stop any dangerous work. The harm caused by the negligence of staff of set-up company, hotel internal training centre will not be responsible of it. | 10. 由于搭建公司未提供详细资料导致无法进场布展而影响活动无法进行,后果由布展公司承担,本中心不负任何责任。布展公司须严格遵守安全第一的作业原则。特殊工种须持证上岗。实训中心工作人员有权停止一切不安全工作的进行。由于布展公司员工忽视安全造成的伤害,本中心不负任何责任。 |
| 11. We do advise that all staffs of set-up companies transit excluded the hotel Working hours (9:00am—4:30pm) with the Entry Permit approved by hotel internal training centre in advanced. | 11. 建议所有搭建施工工作人员在非工作时间通过(正常工作时间为上午九点至下午四点三十分),需事先出示通行证。 |
| 12. The contents and the placing of the notices should be approved by hotel internal training centre. | 12. 所有的指示牌内容及摆放位置都必须得到酒店相关部门的同意。 |
| 13. If the dismantlement cannot be finished in time, there will be a charge of RMB1000 per hour until all dismantlement being finished. | 13. 如果不能在规定时间内拆除搭建设备,酒店有权对布展方加收1000元/小时作为场地租用费,直至所有搭建布置完全拆除。 |

**5.搭建注意事项**

(1)搭建前要审查搭建公司的资格,持证上岗作业。

(2)搭建前应检查是否有过重物品,是否超过楼板的承重数。

(3)如搭建的背景装饰材料较多,统筹人员要提醒搭建商必须负责拆除后的垃圾清运,以及由此发生的垃圾清运费用。

(4)设计图纸一定要经过酒店安保部门的消防安全审批。

(5)搭建现场避免使用明火,禁止在搭建现场做大量木工、钣金工;应在场外加工到现场组装。

(6)若宴会客人座位正上方有悬挂物,如灯架、吊杆或音响设备等,一定要确保其不会发生高空坠物的事件。

（7）场地装饰中不能有易燃、易爆物品；灯光、电线、器材在运行过程中不能出现高度发热甚至升温燃烧的可能。

总而言之，在宴会场地的搭建环节最为重要的是安全消防的管理与搭建人员的管理。统筹人员一定要与主办方进行沟通，了解搭建的内容及搭建施工作业情况，并要求其办理相关手续。从主办方进场搭建宴会场地开始，宴会活动的安全保障工作也开始了，只有酒店各部门与搭建商、主办方通力配合，才能避免意外，使宴会活动按期顺利进行。

**（二）宴会场地搭建统筹管理**

作为统筹人员要非常清楚，宴会场地搭建管理从某种意义上说是影响宴会成功与否的一个非常关键的因素。如果搭建管理能够按计划进行，那么后续酒店宴会部门的场地布置、服务安排等都可以提早计划。任何小细节的忽略都可能影响整个宴会活动的节奏。统筹人员对场地搭建这一环节的管理沟通必须注意以下几点。

**1.进场搭建时间**

关于进场搭建时间主要考虑两方面的内容：宴会场地的使用情况和宴会场地搭建准备所需时间。统筹人员应该思考的问题是：当天的宴会什么时间结束？宴会结束撤场需要多久？统筹人员最好不要建议主办方让所有的搭建商都在同一时间把材料运进会场，如果当天还有其他宴会活动撤场，酒店的运输通道会非常拥挤，前一场宴会撤场拆卸、装车时会长时间占用运输电梯，导致后面宴会进场搭建人员根本无法开展工作。

此外，统筹人员还要优先考虑酒店宴会部门，服务部门调整台型、运送布草、餐具、桌椅等也需要使用酒店的运输电梯或货运电梯。如果撤场和进场搭建以及宴会厅的清理工作在同一时间段进行，无疑会大大降低宴会部门的劳动效率，延长员工工作时间。这样会给统筹人员的协调带来很大的困难，因为没有一家搭建商愿意长时间等待，部分搭建商可能会使用酒店的客用电梯。这样做不但会存在安全隐患，同时也影响客人对酒店的整体印象。

如果酒店的地理位置处于城市的黄金地段，货运电梯出入口比较小，搭建商在同一时间进场还会影响酒店周边的交通，引发更多需要协调的问题。

因此，进场搭建时间的安排会在很大程度上影响整个宴会活动进程。统筹人员在与搭建商沟通时一定要充分了解酒店宴会场地的出租情况、宴会部门台型变更或摆放的时间等。与搭建商约定进场的时间要合理，这样会给统筹人员减少很多不必要的麻烦。

**2.安排协调进场搭建顺序**

安排好进场搭建顺序不仅有利于酒店宴会部门布置台型，还可以使搭建工作更为高效,因为很多时候搭建工作人员需要更多的空场地来移动设备。

如果宴会场地出租率高,为使工作任务在一定时间段内得以合理分配,统筹人员还要考虑安排同一场宴会中不同搭建商分批次进场。在掌握当天酒店宴会场地租用整体情况的基础上,统筹人员也要清楚主办方在一次宴会活动中一共邀请了多少个搭建商,这些搭建商进场时间先后怎样安排,搭建舞台组的人员与鲜花布置组的人员需要同时进场吗?搭建组先把灯架位置确定是不是更加有利于宴会部门确定台型的摆放?舞台和背景板都要在桌椅布置摆放之前到位,但是如果现场还有灯光,那么桌椅摆放到什么程度就要慎重考虑了。如果宴会部门在调试灯光之前摆放桌椅,那么大部分会面临被移动的风险,这意味着宴会桌上精心布置的装饰品都要被移动失去原貌甚至损坏。更糟糕的是,员工还必须重新布置场地。在宴会旺季、劳动强度非常大的情况下,统筹人员对细节的忽略会降低服务人员的士气。

**3.确保搭建通道畅通**

搭建商也是酒店的客户,或者说是通过主办方的关系邀请到的酒店客人。统筹人员为搭建商所做的服务也会从一个侧面影响主办方对酒店的整体印象。

很多酒店的多功能宴会厅可以用隔断分隔开出租。统筹人员要考虑分开后使用的宴会厅通道布局是否合理,搭建材料运输是否还有特殊的要求,分隔后的宴会厅是否只能运输更小型号的板材。这些都要在与客户接洽时解释清楚,方便其对搭建材料进行提前选择和加工。

例如,某一个宴会厅区隔开后,A区有漂亮的落地长窗,可以看到城市最好的夜景,统筹人员和主办方认为这样的场地最适合举办新车发布会。风景足够好,空间足够大,A区也有独立的客用电梯供嘉宾入场。但是,从酒店卸货区到A区新车发布会大厅的唯一通道却必须要经过隔断的另一部分区域B区。而B区在A区搭建期间,宴会预订接连不断,导致A区整个布置过程断断续续,活动进行得非常不顺利,发布会的整场宴会活动也非常仓促。这就是一个失败的例子。

# 第四节　宴会活动危机公关预案

## 一、酒店危机公关特点

公关危机是公共关系学中的术语,是指影响组织生产经营活动的正常进行,对组织的生存、发展构成威胁,从而使组织形象遭受损失的某些突发事件。危机公关是指应对危机的有关机制,它具有意外性、聚焦性、破坏性和紧迫性的特点。

### (一)酒店危机的性质和种类

酒店危机产生的原因是多种多样的,服务产品的特点以及服务过程中不可控因素使酒店必须认真面对公关危机,并把危机公关提升到战略高度。同时,现代社会网络的发达和信息传递的速度以及消费者消费行为和消费习惯的巨大变化使酒店的危机公关必须与时俱进,对待酒店的公关,管理者需要树立危机意识。

酒店区域内突然发生的对客人、员工和其他相关人员的人身和财产安全造成的危害,需要酒店采取应急措施予以应对的事件都属于酒店的危机管理的范畴。

酒店危机现象很多,如服务失误引起的客人受伤、食物中毒,财物丢失、火灾等;建筑物倒塌、坠物和设施设备故障、人员伤亡事件、社会治安事件;地震、水灾、风灾、雷电及其他自然灾害造成的重大损失等。随着消费时代人们观念的改变以及互联网的高速发展,信息的传播对社会的舆论具有巨大的影响力。从某种意义上说,现代信息传播不再是媒体的专利。对这些危机事件处理不当,将会对酒店经营造成难以估量甚至灾害性的后果。

任何一种危机的产生都有一个变化的过程。如果酒店管理人员有敏锐的洞察力,能够及时采取有效的防范措施,完全可以避免危机的发生或使危机造成的损害和影响尽可能降到最低程度。酒店应该根据可能发生的不同类型的危机制订一整套危机管理计划,明确怎样防止危机爆发,一旦危机爆发怎样做出针对性反应等。事先拟订的危机管理计划应该囊括多方面的应急预案,如对突发事件的预防、处理、跟踪以及媒体联络、网络信息发布等。

**(二)建立酒店危机处理程序**

建立酒店危机处理程序是危机管理的首要环节。酒店的危机处理程序应包括以下内容。

**1. 建立危机管理培训体系**

首先,应使员工认清危机的预防有赖于全体员工的共同努力。全员的危机意识能提高酒店抵御危机的能力,有效地防止危机发生。其次,危机管理培训的目的不仅能进一步强化员工的危机意识,更重要的是让员工掌握危机管理知识,提高危机处理技能和面对危机的心理素质,从而提高整个酒店的危机管理水平能力。员工应熟悉本岗位突发事件预防与应急救援、汇报程序,掌握相关的应急处理与救援知识。此外,危机管理培训体系有助于建立高度灵敏、准确的预警系统。员工有危机管理意识能够有助于酒店在紧急时刻搜集各方面的信息,及时加以分析和处理,有助于将危机消灭在萌芽状态。

**2. 建立酒店对外信息发布制度**

这是酒店危机管理有效进行的组织保证,是处理危机时必不可少的组织环节。首先,在酒店发生重大事件、突发事件时,员工如果接到外界媒体的电话问询或媒体的现场拍摄采访,应礼貌接待,并按照酒店对外信息发布制度,立即通知酒店的公共关系部门、总经理办公室予以接待。

危机处理最怕的是新闻曝光,因为在简短的报道中很难面面俱到地述说清楚整个事情。其实,任何事物都有其两面性,曝光也未必不好,如果危机事件处理得好会给客人、公众留下酒店的管理制度及应急预案非常健全的印象。

面对酒店危机事件一般只有总经理或经总经理授权的相关负责人才能有权回答媒体的问题。对于公开发表的文字资料或网络信息,酒店更应该予以重视,最好能在相关负责部门确认后再对外发布。在发生危机事件后,酒店应立即通知上级主管部门,避免信息发布不一致,引起公众的不信任感引发更大的危机。在媒体面前酒店的危机处理要注意的是只要有错就绝对不要辩解,寻求补救与帮助的态度会让事态的发展不至于进一步扩大。

**3. 危机发生时的处理**

遭遇危机事件的员工应在第一时间向上级汇报,汇报时应注意尽可能客观、准确地提供详细信息,尤其是事件发生的时间、地点、涉及人员、简要经过以及可能原因。酒店危机事件处理小组成员应尽快赶赴现场实地调查,并视危机的严重程度汇报上级部门进行讨论,及时分析各种信息。在必要的情况下,酒店应与政府部门联系,及时通报现场情况。

总而言之,在遭遇意外事故时,最忌讳只靠直觉临阵磨枪,如果酒店没有制定相关的危机处理预案,结果就是酒店管理者只能凭主观经验判断。此外,酒店服务业是劳动密集型行业,事发越是突然、意外,越是需要团队合作。而团队合作的基础还是培训。因此,酒店的危机处理的首要条件是要有健全的预案,其次要确保全员培训,这样的机制才能"以防万一"。

## 二、宴会投诉的处理

### (一)宴会中顾客投诉的处理要点

宴会中顾客投诉的处理属一般危机事件。顾客可能对服务、食品或其他产品提出不满,但不会造成严重的影响或威胁到人身安全,其影响面也较小。在处理宴会投诉过程中除应该认真、耐心倾听外,还有一个非常重要的原则是"隔离"处理。所谓"隔离"处理是指应该尽量避免在宴会的现场与客人商讨投诉的解答。将客人带离现场,不仅有助于对客人情绪的安抚,更为重要的是这样做能够避免问题扩大。参加宴会的客人大多是朋友、亲属或同事,人多嘴杂,若酒店需要说服的宾客人数增多,对解决问题不利。另外,若酒店管理人员在宴会现场与客人沟通不畅,其影响范围容易扩散,将一般的危机事件演变成重大危机事件。因此,在处理宴会客人的投诉时一定要离开现场,避免事态扩大。

### (二)宴会中顾客投诉的处理原则

处理客户投诉是一种责任也是一种技巧。管理者需要用艺术化的方法来处理每一个投诉,处理投诉的过程也绝非仅依靠个人经验或反应,否则没有遇到过的事情就可能处理失误。处理投诉的原则要注意以下几点。

**1. 立场正确**

无论在宴会中客户的投诉是涉及个体利益还是群体的利益,如公司利益,管理人员在处理时都要懂得:只有结果对于酒店与客户双方都能接受的时候,投诉才真正处理完毕。好的处理方式是使任何一方都不委曲求全,不卑不亢地处理投诉是最好的境界。

**2. 避免对立**

很多时候,投诉是由语言激化而成的,但语言也是解决问题的重要方法。降低对立有很多方法。例如,尽量避免在与客户沟通时使用"你"、"我"这样的对立词语,不要使冲突个人化。此外,还要注意绝对不要使用反问或者质问的口吻沟通,要有专业的知识,不能在客户面前摆出权威的架势。这些做法都会避免对立,而对立容易造成不信任。管理者在处理问题时应该设法同化立场,使双方从对立面转向共同面对问题并协商解决。

**3. 找出问题**

在投诉的处理中,最重要的是立即解决引发投诉的事实,而不一定要取得双方对"对"和"错"的共识。或者说,处理投诉是找出存在的问题,不是在寻求两极化的答案。能够找到问题,倾听很重要;倾听之后,管理者才能了解事实经过。不要请当事人双方来对峙,这是非常不明智的选择,这样的做法等于是宣判酒店脱离干系,只充当仲裁者的角色。

**4. 处理问题**

首先,处理投诉的时效性是最重要的,也是避免事态扩大的关键因素,否则事态的发展可能更加难以掌控。其次,处理投诉人员不应该更换,即使有更高层的管理者出面,也只是表达酒店对投诉的重视,而不是变更处理人,让顾客再重复解释说明。最后,在处理投诉时必须给对方预留一个下台阶的机会,但如果涉及法律问题,不提倡酒店与客户采用私了的解决方式,无论从客户的角度还是从酒店员工的角度看,这种处理方式都会给酒店带来负面影响。

## 三、电梯事故处理

### (一)电梯事故原因

电梯是机电一体化的垂直运输设备,安全是电梯设计的第一要素。电梯运行时,如检测到任何一扇厅门、轿门被打开甚至门电气开关接触不良,控制系统就会发出指令,让电梯停下来。因此,电梯停运虽然是一种电梯故障,但也是电梯在意外情况发生时,其安全保护设计起作用的结果。

电梯在设计上大致有两种安全保护措施:第一种是电梯发生故障或突然停电时,轿厢会停降到最近的楼面,自动开启轿厢门并始终处于开启的状态。第二种安全保护措施是就地停止,这时轿厢往往不一定在接近楼面或地面的位置,轿厢门会保持关闭的状态。如果这时候有乘客在电梯内,我们称为"困梯事故"。发生"困梯"可以有两种解决方法,如果电梯门上设计有钥匙孔时,用钥匙就可以打开;如果没有,则需要用较为坚硬的薄片插入门缝之间将其打开。

### (二)乘坐电梯注意事项

目前,酒店的电梯都是微机控制的智能化、自动化设备,一般情况下不需要专门人员来操作驾驶。电梯抵达楼层后,应该让轿厢内的人先走出电梯,确定电梯的运行方向与自己去往的方向一致时再进入轿厢。乘坐电梯时不要在楼层地面与轿厢门之间逗留,不要倚靠轿厢门,以免被夹伤。电梯均有额定的运载人数。当超员时,电梯会发出警报,乘客应按顺序减员,退出电梯。无论在何种情况下,乘客一定要在电梯轿厢门打开,轿厢内的灯光照明正常的状态下才可进入电梯。如果轿厢内灯光闪烁或没有正常照明,表明电梯可能存在故障风险。

### (三)电梯事故处理

一般的电梯公司会要求故障发生时通知电梯公司,由其派专业人士赶来处理。但是这种处理方式对客人来说根本不能接受。有部分酒店会将电梯钥匙分别保管在安保部和工程部,并制定紧急情况下钥匙使用的流程。钥匙的保管人要经过一定的培训,并确保每天两个部门都至少有一人当班。

为制定更为周密的保障措施确保电梯安全,酒店一般在大型宴会或重大活动之前会要求电梯公司做全面、细致的检查。如果有必要,酒店会要求电梯公司在大型活动或重要接待活动期间派专业维修人员驻扎酒店,万一发生事故可以在第一时间处理。

为消除电梯的事故隐患,同时也体现酒店的高规格服务,宴会活动期间如有重要贵宾或元首级客人赴宴,酒店会安排受过专业训练的服务员手动负责电梯的运行,称为"专梯服务"。

同时,酒店的服务人员应接受有关电梯事故处理的相关培训。若在服务过程中发现或获知电梯因运行故障而停机,要劝告乘客不要慌张,保持镇定等待救援,不可擅自采取撬门、扒门等错误的自救行动。酒店工程维修人员和专业人员按操作规程到现场处理的同时,应该安排大堂经理等相关人员到事故地点与乘客保持不间断的沟通,劝告其耐心等待救援。在协助客人离开电梯后,酒店应安排部门总监以上人员对其进行安抚,并建议或积极协助客人检查身体是否有不适。同时,对受伤或受到惊吓的客人,酒店应妥善安置其他救助措施。

酒店应该特别注意当电梯维修或保养时,一定要确保关闭楼层指示灯并在轿厢门外放置维修保养牌或施工作业标示,如有需要派专人现场指引和疏散客人转乘其他电梯,谨防发生意外。

### 四、公共卫生事件的危机处理

公共卫生事件是指突发性的重大传染性疫情、群体不明原因疾病、食物中毒或其他影响公众健康的事件。大型宴会活动的影响对酒店来说是把双刃剑,成功的宴会活动可以给与会客人留下深刻的印象,扩大酒店的知名度;而一旦宴会中发生公共卫生安全事件,对酒店形象及经营管理来说极有可能成为毁灭性的打击。

公共卫生事件的预防必须以严格的制度作为保障。相关岗位的员工应严格按照国家食品安全卫生从业人员的标准录用,并定期检查。员工应加强卫生知识的学习,在工作中提高防范意识和自我保护意识。

酒店各个部门应有专人不定期对清洁卫生情况进行专业检查。对有问题的食品原料应该有严格的登记制度,一旦发现问题,应立即停止使用;酒店在清洁过程中应按照卫生标准操作,对公共区域的物品实施严格的消毒制度。同时,还要对可能影响公共卫生安全的空调系统定期进行检查。

酒店发生公共卫生事件,应立即按照危机处理程序,并视事件影响力决定是否向公安机关、疾病控制中心及政府主管部门汇报。酒店医务室在接到通知后,应立即了解相关人员的病情,做好消毒、监测以及隔离工作。同时,酒店应视情况决定是否需要采取保护或消毒措施,如客人被确诊有传染病,酒店应及时对其使用的器皿、接触的物品进行严格的消毒,并检查与之接触的人员,确认易感人员名单,及时告知并按要求进行隔离观察,防止疫情蔓延给酒店造成更大的损失。

总之,酒店经营的环境非常复杂,大型的宴会活动中所面临的危机不仅仅涉及以上所提及的顾客投诉、电梯安全、食品卫生等内容,在本节中只挑选部分事件作为分析对象。将危机的影响降到最低需要做好防范措施,不单单是指硬件设备设施检查,还要有全员参与的危机公关意识。酒店应加强对员工的危机公关的培训,对容易引发危机的各类事件、危险区域保持高度的敏感,同时建立突发事件控制中心,便于统一领导、指挥和协调。

## 第五节 音频与视频服务管理

### 一、多功能厅音频视频基本知识

当今社会,在酒店宴会厅举办的活动中,已经极少看到完全不需要借助音频或视频设备来增添效果、渲染气氛的现象。音频视频设备,在家庭消费中都成为不可或缺的一部分,在宴会活动中的重要性更加显而易见。即便一场婚宴,也可能需要麦克风、投影机、投影幕;一次商务简餐或许少不了宾客都熟悉的音乐做背景陪衬。而大型宴会更不必说,大型的公司年会可能需要使用电视墙提升背景效果、使用各种灯光系统来渲染宴会的主题;规格更高的元首级人物参加的宴会中,同声传译系统、主席控制发言系统等更是不可缺少的设备。

**(一)音视频设备在宴会活动中的作用**

在过去的20多年间,科技的发展使音视频设备的更新速度不断加快,也极大地改善了酒店所提供的服务内容,尤其是深刻地影响宴会市场。宴会的主办者都希望在自己筹划的活动中,充分借助科技力量或设备给与会者耳目一新的感觉。

音视频设备越来越成为酒店宴会产品的趋势,也给宴会统筹人员提出了更高的要求。宴会统筹人员应该充分地意识到音频视频设备在宴会策划过程中所扮演的重要角色。统筹人员要了解主办方宴会活动中对设备的基本要求,在洽谈中根据活动的规模、性质、活动内容和时间,协同相关技术人员,选择并提供最佳的视听设备和服务,保证活动达到理想的效果。

大部分酒店宴会厅都有配套的音响、灯光设备、投影设备甚至是同声翻译设备,基本可以满足宴会活动需求。但作为宴会配套设备的一部分,酒店宴会厅的音视频设备与专业音视频设备租赁公司的相比,其设备的规模、更新程度以及服务范围等都可能会有一定的局限性。究其原因是两者在产品经营及市场上有很大差别。作为统筹人员要了解有关音视频产品的最新技术,掌握市场的动态,在活动策划过程中给主办方以更多的资讯和帮助。

本节主要介绍多数酒店宴会厅常配备的音频视频设备相关知识。

**(二)酒店音视频设备介绍**

**1. 音响系统**

(1)音响系统工作原理。用传声器把原发声场声音的声波信号转化为电信号,并按照一定的要求将电信号通过一些电子设备的处理,最终用扬声器将电信号再转化为声波信号重放,这一从传声器到扬声器的整个系统构成就是音响的基本概念。在声音的制作和重放之间还有一个声音的传播环节,声音的传播包括声音记录在一定的载体上流通或以广播的无线电电波发送,但这不属于音响的范畴。无论是声音的制作还是重放均有另外一个重要的任务,即声音的处理。声音的制作和重放不能机械地再现原始声音,不仅要消除原声音的弊病,也要按一定的审美要求美化音质,甚至根据需要来创造原来没有的声音,这也是音响系统所要承担的。

(2)音响设备的分类。由于音响设备有很多种,为了便于掌握,依据它们所具有的功能特点可以分成五类,即节目源设备、调音台、音频处理器、扩音设备、录音设备。所有的音响设备都可以归到这五类设备中。

节目源包括 CD、VCD、LD、无线话筒、电子乐器等,它的作用是提供含有声音节目信息音频信号,是各类音响系统的始端。

调音台是一种有别于其他音响设备且极其重要的音响设备,是整个调音系统中的一个中心设备,是对音频信号进行控制和艺术加工处理的重要设备。调音台在整个音响系统中的作用是把各个节目源输出的音频信号汇集在一起,进行调整控制、音质加工并分配到所需的通路输出。

各种不同的调音台可以从不同的角度进行分类。以输入通路数进行分类或主输出通路数进行分类,调音台的输入通路常称为分路,有 4 路、6 路、8 路和 10 路等;以主输出通道进行分类通常有 2 轨、4 轨、6 轨等。按用途来分还可以分为录音调音台、扩音调音台、混音台和 DJ 调音台等。以外形结构来分,可以分成便携式、半固定式、固定式等。不同的结构主要考虑宴会与会议的规模与等级、录音制作和调音要求。便携式一般小巧灵活,有便于携带的配套机箱,适合在各个场地流动作业,操控简单,对音响的要求不高,成本较低。此外,调音台还可以按照规格和功能来分为标准型和普及型。宴会与会议销售人员应该掌握这些基本的知识,在为客户策划活动时,能够熟悉每个场地的音响特点以及按照客户的宴会会议类型推荐所使用的音响设备。

音频处理器有很多的类型,包括均衡器、效果器(延时器、混响器)、降噪器等,音频处理器也叫周边设备,其意义是它们均环绕配接在调音台的四周,通过对音频信号的处理来修饰美化重现的声音。

会议中经常使用的声源之一就是传声器,即话筒。话筒又可以分为有线话筒(cord mike)和无线话筒(roving mike)。有线话筒需要较长的线同调音台连接,具有传音稳定、质量高、效果好的优点,尤其用于政府会议、国际组织会议以及演讲会等场合。无线话筒必须和无线话筒发射器与无线话筒接收器成套使用,在频率一致的情况下才能工作。由于无线话筒不需接线,不受使用位置的限制,可以随演讲者的走动而移动,尤其适用于嘉宾之间的互动与交流。

话筒按其结构还可以分为动圈式话筒、电容式话筒和驻极体电容式话筒。动圈式话筒是一种传统话筒,它牢固可靠,不易摔坏,性能稳定且使用寿命长;电容式话筒灵敏度高、失真小,但其防潮性能差,价格较高;驻极体电容式话筒声音效果较好,但价格昂贵,多用于舞台演出。

**2. 灯光系统**

灯光的设计与运用已经成为一门逐渐受到重视的学问,其在活动中的作用也越来越突出,很多时候用来掌控宴会的节奏,制造现场的氛围。

(1)灯光系统的分类与作用。灯光的种类有很多,例如,聚光灯、追光灯、散光灯、电脑灯、光柱灯、造型灯等。舞台照明使用最广泛的是聚光灯,它的作用是能突出一个局部,常用于面光、耳光、侧光等光位。柔光灯是能突出部分效果,又不会产生生硬光斑的灯具。回光灯的照度高、射程远;散光灯光线漫散、均称、投射面积大。造型灯的原理介于追光灯和聚光灯之间,是一种特殊灯具,主要用于人物和景物的造型投射。

电脑灯是使用较多的智能灯具,其光色、光斑、照度都较好,常安装在面光、顶光、舞台后台阶等位置,其运行中的色、形、图等均可编制运行程序,并可以根据宴会的主题来设计,受到很多主办方的青睐。

追光灯的特点是亮度高,可呈现清晰光斑,通过调节焦距,又可改变光斑虚实。有活动光栏,可以方便地改换色彩,灯体可以自由运转等追光灯;还有电脑追光灯,其调焦、光栏、换色均通过推拉电器而自动完成。

(2)灯光设备服务注意事项。宴会统筹人员对灯光的种类和作用等基本知识要有所了解,可以根据活动的特点给客户意见和建议。大部分的酒店会在多功能厅内装置基本的灯光系统,例如筒灯(又称光柱灯)可直接安装于舞台上,形成灯阵,有舞台装饰和照明双重作用。尤其要注意的是多功能厅可以被分成几个独立区域,其灯光的电源控制箱大多是连在一起的。每一区域灯光控制按钮要分开标注,区分要明显。例如红色代表一区,蓝色代表二区等,以免在活动过程中误操作;最好能够在活动过程中固定专人负责,或设计时加锁定功能键。如果多功能厅有固定舞台和灯光设施要设计有专门的灯光设施操作间。大型活动中需要的各种灯光设备应该由专业人员来操作。

**3.同声传译系统**

同声传译设备是目前国际上普遍采用的译音方式。除红外线译音之外,还有有线译音和无线译音。大多是规格较高的国际宴会或国宴中使用同声翻译设备,为来自不同国家的与会嘉宾提供服务。尽管在宴会中使用同声翻译的时间一般都比较短,通常在开幕式或闭幕式时,但是其服务也非常重要。

译员可以由宴会主办方负责安排,也可以请专业公司帮助。

在宴会服务中提供同声翻译服务,对酒店来说很重要的一点是要选择好翻译间的位置。译员要能够直接看到宴会现场的发言人,以便同步翻译工作能够跟进。按照国际标准,一般同声传译间的大小不少于2平方米,高度不得低于2.3米,翻译间内要保持良好的空气流通。有部分酒店多功能厅可以兼做宴会厅与会议厅,其设计时大多都建有配套的同声传译间。

同声传译耳机要在宴会正式开始前就调试好并摆放在客人座位上,同时在宴会厅门口的大屏幕或者在场地入口处的指示牌上,告知同声翻译接收器频道设置情况以及使用说明。

### （三）音频视频服务

**1. 宴会音频视频设备租用方式**

宴会统筹人员在洽谈中要随时掌握酒店现有音频视频设备的使用情况。通常酒店音频视频设备的出租情况是很难与场地的出租情况一样，进入预订系统，并随时查看可租用状态的。音视频设备的出租不同于宴会场地的出租，尤其是移动的音频视频设备，每天可以多次销售。宴会统筹人员在与客户确认音视频服务项目时，如有必要需要咨询相关技术人员，确保提供给客户的方案能够实施。

如果酒店自有的设备不能满足客户的要求，那么在一次宴会活动中提供音频视频服务的供应商可能不单单只有酒店方，主办方可能会请专业的音频视频公司参与其中。很多酒店都有相对固定的音视频合作商，在酒店宴会场地配套设备不能满足活动要求时，向客户推荐与之合作的企业。这样的合作方式也很受欢迎。首先，与酒店长期合作的供应商了解宴会场地的建筑布线情况；其次，酒店了解供应商的资质和技术水平，便于沟通协调。因此，两者之间的合作效率很高。

对有多家音视频供应商共同合作的大型宴会活动，统筹人员需要协调好各个环节衔接和配合工作。同时，统筹人员有时还要确保自己所负责的宴会场地音响调试不会干扰相邻场地的活动进程。

**2. 音频视频服务的重要性**

每一次活动的内容与议程不同，对音频视频设备的选择要求不同，其服务内容也不相同。宴会的主办者都希望在与会嘉宾尽情享受星级酒店服务的同时，宴会的主题能够更富有文化内涵，或者更能体现企业的文化理念。毕竟宴会是社交网络的巩固和重建以及扩大企业团体影响力的一种方式。作为酒店产品的销售人员及客户活动的策划者，宴会统筹人员要懂得合理利用音频视频设备这一重要的资源，帮助客户更好地通过活动将主题或文化表现出来。

音乐对人有调节、镇静和刺激的作用，能影响人的心理情绪。宴会活动中，音乐可以成为很好的佐餐佳品。在宴会厅播放的音乐，要注意其风格要融入宴会主题，适合与会嘉宾的审美情趣。一场宴会活动中，音乐有多种形式，暖场音乐、入场音乐、离场音乐等，这些"背景音乐"对整个活动现场的氛围有很大的影响。背景音乐有时像一根无形的指挥棒，让活动的每一部分在音乐的引导下有条不紊地完美呈现在宾客的面前。选择恰当的符合现场氛围的音乐，很多时候能够起到锦上添花甚至画龙点睛的作用。在一些庆典活动，如颁奖仪式中，应该有音乐自始至终陪伴领奖者上台过程、拍照留念过程以及开启香槟仪式等。配合完美的背景音乐能够让与会嘉宾知晓宴会活动的进程，清楚地传达活动开始或结束的信息，避免出现活动现场鸦雀无声、与会者无所适从的场景。

**3. 音频视频设备功能介绍**

概括来讲，音频视频在宴会活动中的使用越来越普及，介绍其作用和效果，是统筹人员宴会策划过程中不可缺少的一部分。以下对宴会活动中经常使用的设备服务要点做简单介绍。

（1）幕布。投影幕除了固定投影幕之外，还有折叠式投影幕。折叠式的投影幕配备可以调节的支撑架，可以灵活地在宴会厅内安放或者悬挂在一定高度。与会者观看投影幕的理想角度是 45°～90°，角度过小则不利于观看屏幕内容。但是宴会统筹人员要注意，不是每一个宴会场地都留有理想的空间来布置各种设备，投影幕的安放也一样。摆放时首先要考虑宴会中使用屏幕的主要目的：是演讲者所讲内容为重点还是投影幕上的信息是重点？如果一家公司的新品发布会，最精彩的内容都在屏幕上出现，那么场地规划时中心位置要留给屏幕，嘉宾可以站在舞台的一侧。其次，屏幕还要避免安放在消防通道的位置，避免占用宴会场地内的主通道或副通道；不要与场内的其他灯光相冲突，尽可能避免放在亮处，例如自然光较多的方向、舞台等或者灯光效果的照射范围，因为幕布的背景越暗效果越好。

（2）投影机。很多酒店在宴会场地规划时都将其作为固定设备。它是可以将电脑中的图像或文字资料直接投射到幕布上的仪器，无须将电脑中的资料打印出来，节约成本，方便快捷。投影机体积小，搬运、安装、储藏都很方便，使服务更快捷、方便。

投影机可以分为正射式投影机和背射式投影机两种。这其中又可以分为桌式正投、吊顶正投，桌式背投、吊顶背投几种。背射式投影的主要优点是观众看不到投影设备，可以给与会嘉宾更多的活动自由，不必担心行动过程中阻挡投影光线；同时安装背射式投影机的会场整体感觉及演示效果比较好。

为确保投影机的效果，最好不要安装在强光源附近；场地内最好有可调节光源；同时最好在场地内安装遮光窗帘，避免场地内装饰使用反光材料。以上措施都可以使投影机的效果达到较为理想的状态。

投影机的灯泡大多为金属灯泡，其寿命较长但是使用亮度与使用时间呈线性下滑，对每台投影机灯泡的使用时间要做好记录。投影机操作正确也是延长其灯泡寿命的必要因素。

## 二、音频视频设备保养

相关制度的建立和运行是非常重要的方面。例如，音频与视频工作人员每次任务活动都要根据会议要求拟定系统搭建图纸，根据图纸现场布置，并确定分工及值机人员；在设备收场时要检查其完好性，返还库房，协助办理设备入库手续。如设备发生异常，会后应出具书面报告，说明具体情况，以便维修保养。有了良好的制度可以让音频和视频设备运行始终处于可控状态，极大地降低人员成本，确保服务质量。音频与视频设备一般造价都较高，其使用、保养、服务都要引起酒店的足够重视。

### 案例分享

案例一：某酒店承接了一个1000人的世界500强公司全球年会。主办方于晚上9:00进场搭建。安保当班主管在巡逻的过程中发现宴会厅内预留的通道面积似乎比规定宽度要窄。安保部主管随即将宴会接洽时备案搭建图纸与现场负责人核对，发现有多处不同。除了预留的通道面积减少外，公共区域的宴会座位也比图纸上的尺寸大。安保主管随即要求现场负责人员停止施工。经协调，双方意见达成一致，在确保宴会现场消防安全的基础上，搭建工作才得以继续进行。

思考：你认为在此案例中，酒店应该加强哪些环节的规章制度管理？

案例二：某世界500强公司的年会在酒店举办，主办方聘请了专业搭建公司150多人来协助搭建会场。晚上8:00，搭建商欲将搭建材料运送至7楼，但由于物品体积过大，无法使用货梯。搭建负责人两次向酒店安保部提出走自动扶梯通道未得到允许，此事件被搁置近1个小时。主办方得知此事后非常不满，直接向总经理投诉要求马上解决。经调查得知，安保部员工在为搭建商办理许可证的时候未向客人说明酒店进场搭建物品允许的尺寸大小，导致搭建方未能按照酒店货梯的大小设计搭建材料。最后酒店破例允许搭建商不破坏现有的材料规格，从自动扶梯搬运。

在大型的宴会搭建过程中，事前沟通非常重要，往往要考虑到酒店宴会场地的建筑情况、货梯的尺寸、各个通道门的尺寸大小。统筹人员以及酒店的工程、安保相关人员要和主办方事先确认各种事项，杜绝遗漏和缺憾。

思考：你认为在此案例中，统筹人员在会场搭建环节还应该有哪些细节需要与主办方沟通？

案例三：某知名咨询公司年会在酒店举行，主办方不但预订的餐标高，且参加宴会的都是国际知名的咨询公司总裁。酒店对此次活动也给予重视，由营销部经理负责此次活动的统筹。直至宴会开始前，双方所有的沟通都很顺畅。

宴会正式开始，嘉宾致辞后，冷菜用完，热菜上至第二道，全场忽然停电了。灯灭了，大屏幕也没有图像，话筒也没有声音了，现场的气氛紧张到了极点。尽管工程部的人员在2分钟内便调查修理，但前前后后还是用了6分多钟才使现场恢复供电。最后查明事故的原因是嘉宾致辞后，同传翻译间的人员认为工作已经结束，在里面聊天并喝咖啡，咖啡倒翻泼溅到翻译间台灯插座里，造成电线短路所致。事后，尽管酒店主动赔偿了主办方1万元人民币，但最后仍然没能留住客户。

（资料来源：王济明. 会议型酒店精细化管理. 北京：中国旅游出版社，2009.）

案例告诉我们，会场用电必须细分电路，才能避免此类危机事件的发生。比如投影机线路、现场照明线路、话筒扩音线路等需要专业搭建人员按照要求分开独用，避免因其中一条短路而造成全场故障。此外，造成宴会中危机事件的原因有多种,统筹人员在与主办方接洽时要考虑到方方面面的细节,并事无巨细地逐一提醒或告知客户,否则危机的发生防不胜防。

思考:会场用电需要遵循什么原则才能避免危机事件的发生? 对主办方邀请的、非酒店搭建人员的搭建工作,从酒店角度出发有哪些需要注意的问题?

### 思考与练习

1. 宴会策划要考虑哪些环节和内容?

2. 你所了解的酒店宴会订金的处理方式有哪几种? 这些做法是如何保护酒店与客户双方利益的?

3. 宴会统筹人员需要面对几种不同的客户? 他们的特点是什么?

4. 宴会统筹人员在与客户接洽时需要准备的产品手册内容包括哪些?

5. 会场搭建的安全管理工作主要有哪些内容?

6. 宴会合同的签订过程中主要有哪些环节和内容? 注意要点是什么?

7. 宴会活动的危机处理都有哪些情况和应对措施?

8. 音频视频设备服务在宴会活动策划环节中有哪些注意事项?

9. 宴会活动中的投诉处理应该注意哪些要点?

# 第三章 宴会场景设计与菜单设计

## 引　言

宴会经营中场景设计和菜单设计是非常重要的因素。首先,本章从外观设计、营业空间和作业空间上分析了宴会厅设计时需要考虑的主要因素,阐述了不同的宴会空间设计对经营和服务的影响。

其次,本章介绍了宴会经营中所使用的家具和器皿分类。对不同的家具和器皿的选择、清洁及保养的相关要求也做了详细的介绍。

菜单的设计也是决定宴会经营成败的关键,其不仅仅是酒店形象的载体,宴会管理的纲领,同时也决定了宴会规格、服务标准、器皿选择。本章重点讨论了宴会菜单的重要影响。

## 学习目标

- 了解影响宴会场景设计的主要因素。
- 了解宴会厨房设计的原则。
- 掌握宴会菜单设计对宴会经营的影响。
- 了解宴会部门布草与家具选择的基本要求。
- 掌握宴会厅器皿的选择标准以及保养清洁要求。
- 了解宴会部门物品管理的原则。

## 第一节　宴会场地设计

现代社会餐饮已经不仅仅是一种文化,更发展成为一种消费体验。环境的设计是吸引和表达消费体验的重要因素。

## 一、宴会建筑厅风格

宴会厅的建筑风格概括来讲有两大类，古典与现代。在现在这个多元的时代，任何一种建筑都是融合了多种风格，博采众长，同时又与所在地的历史、文化以及自然环境相互呼应，好的建筑都能起到"锦上添花"的作用。宴会厅的建筑风格是酒店设计和规划时慎之又慎的选择，因为一旦决定了宴会厅的风格，与之相呼应的装饰，如墙壁、吊顶、地毯以及家具、灯具等是短时间内是无法轻易改变的。

### （一）古典建筑风格

从宴会厅的建筑来看，古典式建筑有宫殿式、园林式、乡村式等风格。

#### 1. 宫殿式建筑

宫殿式建筑是我国古代建筑成就的最高形式，外观雄伟，规模宏大，形象壮丽，格局严谨，给人以强烈的精神感染，凸显其富丽堂皇。宫殿式风格的宴会厅多适合举办能够显现中国特色文化的传统宴会，如婚宴、寿宴等。此类风格的宴会厅本身的建筑风格较为鲜明，室内的陈设、厅室的布局以及器皿的选择都要与之相协调，色调不能选择过多。其建筑鲜明的特色从某种程度上讲也抑制了其他风格宴会主题的表达，选择此类风格的宴会厅大多有其相对稳定的客源或在市场竞争中占有一定的垄断性优势。

#### 2. 园林式风格

园林式宴会厅以其独有的"清、雅、静"以及与中国文化融合的特点，深得很多酒店设计者的青睐，尤其是在中国的南方地区。园林式的平面布局与空间处理都富于变化，给人以活泼、放松的感觉。园林式建筑最能吸引人的地方是往往用落地长窗、空廊、敞轩等形式作为内外空间交会、融合的纽带。这种半室内、半室外的空间过渡都是渐变的，是自然和谐的、柔和的、交融的变化。园林式建筑所采用的材料多为竹木，营造一种亲近自然、宁静雅致的意境。园林式宴会厅较适合举办规模较小的宴会，如家宴、文人宴以及商务谈判等，强调优雅僻静，注重与会客人之间的沟通效果。园林式建筑对酒店的整体建筑风格、地理位置都有一定的要求。

#### 3. 地域特色建筑风格

古典式建筑风格还包含了各地与民风、民俗相适应的极具地域特色的建筑风格，例如伊斯兰建筑风格、少数民族风格等。中国古典式建筑风格表现出的特征更能从文化角度与消费者的心理相呼应，而西方古典建筑风格以吸引本国、本民族以及民族风情体验者的消费为目的，适合富有异域情调的宴会。

### （二）现代建筑风格

就如同没有一种文化是诞生在一块封闭的土壤上一样，现代建筑风格是时代不断进步、文化不断融合的结果。从某种意义上说，所谓的"现代建筑"只是一种时间的概念。在我国现代建筑融合了多种文化元素，尤其适合年轻人的审美观。现代建筑的特点多简洁明快、以几何图形和线条为主，色彩多明亮淡雅，总体给人以干净利落、舒适豪华的感觉。现代式建筑风格是很多时候宴会厅设计者的首选，因为这种场地的布置余地较大，建筑本身的主题和色调都不是非常突出，适宜宴会主办者通过装饰来表达主题，中式及西式宴会都适合。更为重要的是，选择现代风格的宴会厅，主办者表达自己意图的余地更大，更符合现代社会人们的消费理念。

无论是古典式建筑风格还是现代式建筑风格，酒店的宴会场地作为经营活动的载体，首先要满足现代人的餐饮需求，迎合客户群的消费心理。例如，即便是古典式建筑，我们也不能原汁原味地照搬，要提倡"仿古但不泥古"的理念，为了经营管理的需要，可以在宴会场地设计时将中式建筑的典型符号，如门窗格、中式家具、宫灯等巧妙地运用在内部装饰或外部装修上。"有多少经商之地，就有多少经商之道。"宴会的建筑风格和设计还必须考虑很多人文因素。在现代越来越均质化的社会状态下，酒店的建筑设计既要有对中国传统文化的发掘，又要能满足现代人的需求，更为重要的是，建筑中民族文化或个性文化的融合对酒店经营会起到事半功倍的作用。

## 二、宴会厅空间布局

上述建筑风格是宴会厅场地设计中的直观的外观感受，而对建筑内空间的合理设计和利用也是决定影响消费体验以及宴会厅效益的重要因素之一。酒店宴会厅设计中，其功能和流线组合要由具有一定资质的设计室来把握，使其更加符合实际使用要求。这里主要介绍大中型宴会厅的布局规划、营业空间布局与作业空间布局。

### （一）布局规划原则

宴会活动长期筹备，短期举办的特点决定了宴会厅在建造设计与结构布局方面与其他功能区域有许多不同之处。从整体布局规划角度看，宴会厅设计应首先考虑高宽比的控制，不能盲目追求高大的空间感觉。若宴会的设计单单追求高大，会给人冷冰冰、空荡荡的感觉；同时这样高大、空旷的设计给人的方向感也很差，投资成本却很高。从建筑设计的角度看，宴会厅应该有合适的尺度空间，给人的感觉要尺度宜人、功能布局合理完善、线条简洁。

此外，传统酒店的设计不同，宴会区域面积较大的酒店还应该更多地考虑集中与疏散通道设计、公共区域设计、安全保卫、运输（包括垂直运输、横向运输及大件物品运输）等因素。总之，宴会厅布局与规划是否科学合理直接影响酒店经营业绩以及员工的工作效率。

### （二）营业空间设计

宴会场地的营业空间包括了客人在宴会活动中使用的餐厅、休息室等经营场地，还包括装饰空间、公用空间，如通道、走廊、卫生间等。这些空间都是为宴会的经营而设计，是经济效益的来源。

#### 1.宴会厅层高

层高即宴会厅从地面到天花板的高度。层高对宴会场地的利用率及布置效果有非常大的影响。首先，层高设计应考虑宴会厅的面积。一般来说，宴会厅的面积越大，层高的高度应越高，否则会有非常压抑的感觉。其次，层高设计还应该考虑对设施设备使用的影响。如投影设备、幕布的使用要求，舞台、背景搭建的高度和宽度，对移动设施如灯架、同声传译间的影响等。此外，面积较大、层高较高的宴会厅，在设计时应考虑在吊顶上设有固定或移动的吊点，以方便客户进行场地布置。

#### 2.分隔空间

空间的分隔对宴会厅的整体效果有很大影响。宴会区域要有"围"有"透"。"围"指封闭紧凑，给客人以相对私密的空间；"透"指空间开阔，不使人感到沉闷压抑。尽管中式宴会喜欢热闹，讲究场面，但是不同规格宴会的场地要恰到好处。空间分割可以用遮挡视线的墙壁、活动墙、屏风以及绿化植物来完成。也可以用通透隔断、栏杆或玻璃、画等分隔手法，通过人的联想与视觉完形性来感知分隔。

### （三）作业空间设计

作业空间是指后台服务区域，包括储藏室、分菜工作区、服务台、办公室以及员工休息区域等。这些区域虽然不直接面对客人，但是会影响员工的工作质量与心情。

## 三、宴会场地布局要求

### （一）根据目标市场定位规划布局

酒店以目标客户群需求分析为基础做内部区域的布局规划，确定不同功能区的面积比例，如客房面积、多功能区域面积、独立餐厅面积、通道面积等，并要对大堂、客房、购物各个项目之间进行取舍。其中宴会场地面积设计规划中又要做进一步细分考虑。例如，在规划时要考虑宴会区域中小型、中型、大型场地面积比例。这涉及酒店的市场定位、区域范围内竞争对手情况、配套设施情况等综合因素。

### （二）预留合理的公共区域面积

公共面积是各种宴会活动中不可缺少的部分。公共面积在宴会活动中并不只是要求宴会厅门口通道或走廊的面积。酒店公共区域面积可以作为会议中的注册台、茶点台,放置展板或广告牌等多种用途。在不同的活动中,公共面积可以被规划为各个不同的功能区域,作为酒店的产品出售给客人。此外,宴会厅的周围也要有足够的洗手间、衣帽寄存处等辅助区域。

### (三)确保宴会厅合理的仓储面积

仓储面积似乎是经营者无一例外遇到的难题,在规划酒店仓库以及选择仓储设施时,不得不考虑系统效益的原则。酒店都希望在满足员工服务工作需求时尽量减少仓储面积,而宴会厅布置由于需要配合活动性质不断改变台形,又必须有足够的仓储空间。

多功能厅的仓储面积受到客户对服务质量的要求、场地所使用的家具、物品的尺寸和规格、仓库布局、使用的搬运工具等因素的影响。

在规划仓储面积时,应尽量使同一系统中的物品,如多功能厅常用的餐具、家具等都集中在同一平面上,从而减少搬运路线,避免安全隐患的同时也提高工作效率以及系统的效率。对进出库频繁或使用频率低的物品应分区放置,防止重复或迂回搬运,充分利用运输工具和机械设备。

多功能厅紧张的仓储面积往往造成人力资源的浪费、增加员工流动率,产生诸多安全问题。

### (四)内部设施设备设计合理

#### 1.活动舞台及地板

宴会厅要尽量避免柱子,一般不设固定舞台,需要时可采用拼装式或可折叠式的活动舞台。有些舞台有两套可以折叠的撑架,以适应不同的高度。这些舞台还可以用来升高宴会主桌或主席台,为贵宾摆放成阶梯式,或用作宴会或会议中表演的延伸台道以及乐队演出时的表演台等。舞池也可以用活动的地板拼接而成,多大面积都可以摆放,不会限制客人的其他安排。

#### 2.隔断

隔断是增加多功能场地利用率不可缺少的设计之一,隔断的设计要考虑其隔音效果以及通道门的高度和位置。同时,多功能厅可设置移动的屏风,以满足临时设置服务区域的需要,增加场地的用途。

#### 3.灯光

宴会的灯光最好可以调控,并分区控制。若多功能厅内没有配备专业灯光系统,可以根据需要配置灯架,供表演和展览用。多功能厅多选择可折叠活动家具,根据需要随时拼接成各种台形。大型的多功能厅要有良好的隔音和充足的照明以及独立的温控系统,避免活动中相互干扰,同时也利于分区销售,给客户更多选择。

**4.通信设备**

配备视频音频系统,如清晰的投影屏幕系统、多路同声传译系统、视频会议接口以及电话会议接口、无线网络等,满足活动的音频、视频无线及网络直播、转播的要求。

**5.指示系统及运输系统**

为确保宴会的安全,指示系统在宴会活动中的作用不可忽视。宴会区域的指示信息应该清晰完整,采用符合国际标准的指示标志。此外,酒店还应该考虑与宴会规模相配套的各种电梯数量及规格(如货梯、自动扶梯等),这些都是影响和制约宴会活动效果的重要因素。

以上所列举的宴会厅设计要素,如果早期设计时考虑周全,多数饭店经营者不必在后期花更多的费用从事补救性的工作。此外,还有很多的细节影响宴会厅服务和管理效率。例如,装潢装饰方面,在多功能厅内选择铺设条纹状地毯或有规律的地毯花纹,能帮助服务人员布置场地时迅速找到参照物,很容易将桌椅对齐,节省工作时间。由于搬运家具、桌椅频繁,多数的宴会厅在墙面或大门上装上防止椅子刷蹭的保护条,既可以减少维护保养费用,又可以烘托氛围。中小型的会议室应具备独立的温控系统,墙壁留有展示的空间和条件,如展架、挂钩等。

## 四、宴会厨房设计原则

厨房的规划和布局既是建筑设计的一部分,也反映了厨房管理者合理设计空间、利用空间的技巧。合理的厨房设计布局既可以节省人力、物力,同时也为生产操作流程管理带来很大便利。合理的布局设计也为稳定和提高菜肴出品质量起到一定的保障作用。设计不合理的厨房,会为安全、卫生带来事故隐患,餐饮产品的质量也很难维持稳定。

### (一)宴会厨房的硬件要求

由于要满足上百人甚至更多宾客同时就餐的需求,宴会厨房在厨房的硬件设施中要注意三大重要设备系统。

**1.餐前准备系统**

宴会菜肴中包括冷菜、热菜、点心、烧烤类等不同烹饪方法的菜肴,酒店要根据宴会菜肴的菜系和特色,酌情考虑购置不同的设备。

**2.储存和运输系统**

大规模的用餐,对供菜时间和菜肴的温度及质量稳定都提出了挑战。宴会菜肴中,事先准备好的成品应该储存在加热保温箱或制冷保温箱中,确保能够根据宴会现场的情况在短时间内提供高质量、较大数量的菜肴服务。

**3.现场烹制系统**

主要指宴会厨房的炉灶。一般大型宴会的厨房至少要配备 10 个中餐炒菜炉灶。在出菜排菜区域必须留有 200 个平方米左右的面积,方便厨师排菜以及传菜员传菜。

**(二)宴会厨房空间设计**

厨房的空间是有限的,应该尽可能整合厨房的资源,对厨房的各个功能区域进行合理布局,使生产效率最大化。宴会厨房设计首要考虑的是其物流设计和人流设计。

**1. 厨房布局类型**

厨房的布局应该根据酒店建筑的结构、厨房面积高度以及设备的具体情况来确定,还应该考虑厨房与餐厅区域的衔接等因素。因为影响厨房布局的变化因素较多,在实际操作中较少有固定的模式作为参考。这里介绍在一定条件下厨房的作业区域布局。

(1)直线形布局。直线形厨房布局较为适合宴会接待,通常若厨房场地面积大,需要在短时间高效、快速分工合作,菜肴供应量大建议采用直线形布局。在这种布局中,通常炉灶、烤箱、蒸炉等设备分设两边靠墙设立,集中供应制作,集中吸烟排油。每位厨师分工负责某一道菜肴的制作,所需设备和工具也分布在附近,因而能够减少厨师取用工具的行走距离。与之相适应,宴会所需菜肴的切配和出菜台也直线排放,整个加工、烹饪和取菜上菜的流程顺畅合理,既能保障宴会中的菜肴供应,也能降低排菜和上菜错误的概率。

(2)相背形布局。相背形厨房布局多适用于正方形的厨房场地,将所有的烹饪设备背靠背地组合在厨房内,并置于一个通风排气罩之下,工作台安放在厨师的背后,厨师相对站立加工菜肴。尽管此种厨房布局比较经济,但适用于分工要求不是很高的餐厅,厨师在操作时存在多走路的缺点。

(3)其他布局。厨房布局还有 L 形和 U 形设计。L 形设计通常是在厨房内将设备沿墙边设置成一组,以不同的烹饪方式来组合设备。这样的布局方便集中加热抽烟。U 形布局是指厨师在中间操作,设备分组摆放成 U 形。厨师在中间操作,节省跑路距离,但是取菜和切配的行动路线可能会交叉,不太适宜于大型宴会的服务。

**2. 宴会厨房的物流与人流设计**

(1)物流设计。宴会厨房中工作区域和设备区域的接力布局应该保证原材料有序、畅通地经过验收、储藏、发放环节,然后经发放区域流通至烹调加工区域。而进入烹调加工各区域也应该设计合理的通道,使其在原料加工准备、半成品、成品区,最后进入食品服务区的整个过程都能够满足宴会大规模、短时间出品的需要。尤其要注意设备的摆放与生产出品的流向是否一致。同时,要防止出品路线与收台回撤路线有交叉回流。

（2）人流设计。从某种意义上说，厨房的员工是在"通道"中工作。这里的通道通常有两种，一种是通行通道，另一种是操作通道。这两种通道绝对不可以重合或有相互干扰的情况。而操作通道要求有足够的宽度，确保操作人员可以在一定范围内完成整个流程的工作。

### （三）宴会中心厨房设计

通常小型饭店的厨房是具有多种功能的综合性大厨房，而大型酒店由于其提供的菜肴品种多样、供应时间长的特点，通常厨房由若干个不同功能的分点厨房构成。但分点厨房的设计要在整体上构成一个有机相连的整体，在各个分点厨房的位置、面积、生产任务的分配以及运输流程上都要体现其协调性。

在宴会规模较大的酒店，都常不可避免地要考虑中心厨房的设计与功能。中心厨房又叫主厨房，是相对于各个分点厨房而言的。加工厨房将各个厨房所需原料的领用、洗涤、加工集中在一个地点，按照菜单要求的生产标准进行准备，再分别供给到各个厨房做进一步的烹调制作。中心厨房对于大型宴会的菜肴制作尤其重要，其主要的优势在于以下几个方面。第一，中心厨房减少了原料的领用手续和由于分点厨房领用所带来的人力浪费；第二，原料集中在一起进行分割、加工，更利于原料的综合使用，提高原料的利用率；第三，更加容易掌握宴会菜肴的成本，更好地进行成本控制；第四，中心厨房按照标准统一制作，更利于检测原料加工出净情况，同时也保证厨房出品质量；第五，中心厨房的操作模式和标准化，更加有利于员工提高劳动效率，集中加工更有利于垃圾集中清运。中心厨房在接待规模大、厨房分布散、餐饮服务内容较多的酒店尤其能够发挥其优势。

与此同时，酒店在管理上也要有相匹配的制度和配备。例如，要为中心厨房配备适量的包装、称量、冷藏设备，在加工后也要标注加工的时间、重量，以供旺季宴会随时取用方便。此外，分点厨房与中心厨房之间要有规范的领用手续，以便更好地控制核算。

# 第二节  宴会物品设计与管理

## 一、宴会家具配备

### （一）宴会厅的家具规格种类

#### 1. 宴会厅餐桌

（1）圆桌。圆桌是宴会厅使用频率最高的桌子。宴会厅内选用可折叠台面，或台面与台脚可分开的圆桌，以利于搬运。圆桌通常以 10 人为标准铺台，直径 1.8 或 2.2 米是较为普遍使用的圆桌规格。一般直径超过 3 米的圆桌最好设计成可折叠式样,以减少其占用的仓储面积。

(2)方桌。可以用作自助餐的餐台、大型宴会厅的临时工作台、西餐的拼接餐台、鸡尾酒会的接物小餐台等。方桌的规格较多,有边长75厘米、85厘米、90厘米、100厘米、110厘米等多种,高72~75厘米等,应视宴会厅圆桌以及长条桌的高度来选择适当的方桌。尽量使方桌的高度与圆桌相符,以便在需要的时候将两种不同各类型的桌子拼接成不同的造型。

(3)长条桌。也是宴会中使用频率较高的桌子。通常规格为长1.8米,宽度有45厘米、60厘米、90厘米等多种规格。适合用于宴会中搭建临时酒水台、主席台、展示桌以及自助餐台。长条桌的桌脚最好可以折叠,并有把手,方便搬运与拆卸。

(4)餐桌椅。宴会厅中使用较多的为钢架椅,能够10个叠垒在一起,分别储藏和搬运。靠背椅多为主桌使用,椅背较高,座深一般都大于35厘米,座宽一般在40厘米左右。大型宴会厅中应备有适量的婴儿椅,以供带小孩的客人之需。

**2. 宴会其他用具**

(1)落台。落台是宴会服务时可以折叠又轻便的折叠台,是大多数酒店宴会服务的必备物品。落台是宴会服务员摆放酒水、饮料与餐具的家具,又是上菜的落台。落台规格有多种,购置时应该考虑与宴会圆桌或长桌的高度相匹配。落台一般摆放在宴会厅两侧,其数量应该以方便服务人员服务,但是又不影响整个宴会厅的美观与布局为宜。

(2)服务车。服务车主要有两种类型。一种是以运输菜肴或餐具为主的不锈钢餐车;另一种为牛排车,主要用于当众厨艺表演及展示和分菜服务。

**(二)宴会家具设计要求**

宴会厅的台形几乎很少只采用一个摆放形式,而且每次活动设计舞台大小、方向以及灯光、现场装饰几乎都是不同的。因此,与一般餐厅的家具不同,多功能厅的家具结构必须能承受经常性地搬运和频繁地使用,同时还应该满足以下标准。

**1. 结实耐用**

首先,客人的安全是最重要的考虑因素,把家庭用家具放在宴会厅,是非常不明智的选择,并有可能在工作中产生严重后果。宴会家具的使用频率很高,家具与陈设应当足够结实,要特别注意折叠家具易断裂之处。

其次,要考虑宴会厅家具上可能需要摆放一定数量的餐盘、大型冰雕、自助餐炉等;还要能推、滚、竖、摞起来存放或搬运而不至于轻易变形或损坏。

**2. 易于搬运**

宴会厅的家具不能太重或体积太大,最好是有方便搬运的把手,只需一两个人就可以卸下货装上推车。体积较大的家具最好是折叠式的设计。酒店最好能够设计适用运送不同大小、质地家具的推车来协助搬运,如平板车、铲车、小推车等工具,既可节省人力,又可提高工作效率。

### 3. 易于存放

宴会厅的设备要能够适合存放于酒店现有的仓储库房或工作区域,所有的家具都应该便于装置排列,并且在通过酒店内各标准通道或使用运输工具(如电梯)的时候,无须将其拆开。例如,宴会用餐椅不能太笨重,最好能叠放;几个宴会厅的家具最好采用同一规格,各种桌面彼此之间能完全衔接或者拼接,最大限度地做到物尽其用。

### 4. 多功能性

尽量选购有两种或两种用途以上的家具,如两层餐台桌、1/4 圆桌或半圆桌等。例如,购置一个可以拆卸的双重高度折叠讲台可以提供两个高度和多种用途,这样的选择可以节省 50% 的最初购置费用,还可以节约 50% 的搬运成本和 50% 的储存面积。在宴会活动中,将可以升高的小餐桌用于自助餐台的布置;拆开的立柱式的重底座的咖啡桌,将方桌面换成一张小圆桌可以作鸡尾酒会的餐桌,或者在其上方加一个方桌,使其成为西餐长桌的延伸等。

### 5. 易于清洁

宴会厅家具的使用频率以及宴会菜肴特点都决定了家具需要更耐腐蚀、更容易清洗。例如,一个难清洁的冰箱或消毒柜可能是危害健康的潜在因素。宴会所用餐车、架子、夹子、盘子等不彻底清理会导致细菌生长和霉变,因此从食品卫生和食品储藏的角度,宴会厅的设备材质以及内部结构都要易于清洗。

## 二、宴会餐具配备

### (一)宴会器皿的类型

清代袁枚《随园食单》"器具须知"中写道:"古语云:美食不如美器。斯语是也。惟是宜碗者碗,宜盘者盘,宜大者大,宜小者小,参差其间,方觉生色。大抵物贵者器宜大,物贱者器宜小;煎炒宜盘,汤羹宜碗;煎炒宜铁铜,煨煮宜砂罐。"袁枚的餐具与菜肴配置理论基本上概括了餐具与菜肴的配置原则。

宴会中所使用的器皿概括来讲分为两大类,一类是餐厅用具(食具),另一类是厨房用具(盛具)。

### 1. 餐厅用具

餐厅用具又分为餐具、酒具和茶具。宴会中所用餐具材质以瓷器为主,还辅以陶器餐具、玻璃餐具、木质及竹质餐具等多种。

宴会中所用的餐具根据每次宴会的规格而有所不同。但是,一般来讲,大多数的宴会摆台中会使用的餐具如表 3-1 所示:

表 3－1　中餐宴席餐具配备

| 名　　称 | 服务方式 |
|---|---|
| 装饰盆 | □ 又称看盆,有装饰作用,宴会席间一般不更换 |
| 骨盆 | □ 宴会中摆放在客人面前的供个人使用的菜盆。是宴会中使用最多、损耗最大的一种瓷盆。<br>□ 宴会服务中根据客人的使用情况需更换骨盆。<br>□ 宴会菜肴的设计决定了服务中需要更换骨盆的次数。<br>□ 较为常见的有 6 寸盘和 8 寸盘不同规格。 |
| 10 寸盆 | □ 在大型宴会中可以替代装饰盆用。在自助餐宴会中是主要的餐盆。<br>□ 在西餐宴会中是主菜盆。 |
| 汤碗 | □ 规格为 3.5 寸,现在流行 4 寸和 4.5 寸。供喝汤、装烩菜、甜汤使用,也可内放小勺替代勺托。<br>□ 按形状可分为:敞口碗(碗口稍敞,似喇叭形)、直口碗(直上直下)、罗汉碗(比直口碗略高些)。 |
| 饭碗 | □ 规格为 4.5 寸或 5 寸,如果饭碗与汤碗的规格相近,在宴会中两者可通用,两者配备的数量可酌情减少。 |
| 汤勺 | □ 又名调羹、汤匙。勺身为椭圆形,有分汤用的公勺(全长约 22 厘米)、大汤勺(全长约 14 厘米)。<br>□ 还有不同的规格和尺寸大小,以供宴会中客人喝汤或放在汤、菜盘中公用。规格有 12 厘米、10 厘米、8 厘米等多种。<br>□ 汤勺大小的选配视汤碗的规格而定。 |
| 公用味碟 | □ 不同的宴会菜肴使用的调味碟数量不同。<br>□ 公用味碟放调料用,如调料壶,放盐、酱、椒等调味品。<br>□ 如一次宴会中只使用 2 种调料,可以用 4 寸双格形的大味碟。 |
| 筷子、筷架 | □ 每人 1 双,另配公筷,置于筷架之上。根据宴席档次选用不同质地、不同档次的筷子。 |
| 调料瓶壶 | 椒、盐瓶,酱、醋壶,按全部桌数加上 10% 配备较为合理。 |
| 玻璃碗 | □ 4 ~ 5 寸,用于装冰激凌、甜汤、冷餐会小吃及做洗手盅用。 |

**2. 厨房盛具**

可以按照形状分为平盆、腰圆盆、异形盆等;按照功能又可以分为冷菜盆、炒菜盆、炖菜盆、点心水果盆等。在本节中不做详细介绍。

**(二)宴会厅器皿种类与标准量**

每个行业都有其特殊用具的使用,宴会厅同样有须必备的设备与器具。宴会厅器皿的采购不仅是一切宴会服务工作的基础,而且器皿配置的恰当与否对宴会部门的经营管理有着深刻的影响。因此,宴会器皿的选择是一门不可轻视的学问。

**1. 器皿种类与选择**

宴会厅所使用的器皿种类繁多,大致可以分为瓷器、玻璃器皿以及金属器皿。由于瓷器在宴会厅中使用最多,因此,本节重点介绍瓷器的选择要求。

(1)宴会用瓷器风格。在餐饮用具中,瓷器很受欢迎,它的优雅大方是其他材质所不能代替的,尤其在中国这样一个有着悠久、精湛瓷器制造历史和技艺的国家。宴会厅选择瓷器的重要考虑因素包括品种、外观、瓷器的耐用性以及可替代性。

宴会瓷器的品种与可替代性:在选购瓷器时,即使那些复古的或已经停产但非常漂亮的瓷器价格再低廉,酒店也要慎重考虑,因为这些瓷器一旦有破损,很难在市场上买到与之形状、尺寸一样同一风格的器皿。

宴会厅的瓷器选购时秉承简约、大方的风格,尽量做到统一尺寸、统一形状和统一标准。这样选购的瓷器会使宴会餐具的清洁工作更高效,同时使宴会器皿的堆放、存放、运输更方便和节约空间。

重量和厚度也是宴会厅瓷器选购的要点。餐盘并非越厚越重就越好,分量适中的盘子使员工更易于整理和摆放;而重的碟子被堆起来后,彼此更容易摩擦使表面变粗糙。

(2)瓷器的耐用性。与零点餐厅或贵宾餐厅的餐具不同,宴会厅的餐具要经常搬运、清洗、承受更多的摩擦,因此那些镶有彩色图案或花边的餐具,在选购时也要慎重。在最初的使用中可能会给客人带来美好的享受,但一旦经高温、药水清洗及摩擦搬运,这些瓷器看上去可能都破损严重,不能再呈至客人面前,导致宴会厅餐具的成本上升。

宴会厅瓷器尽量不要选择带凸起的餐盘。凸起的表面更容易造成缺口,更容易积累灰垢,导致洗刷费时费力。圆边的碟子可以减少震动,降低破损率。

**2. 器皿的回转数和周转率**

宴会厅营业器皿标准量的设定有两个重要参数:回转数和周转率。回转数是指某项器皿一桌通常需要几件、从摆置器皿到使用完清洗干净要花费多少时间。周转率是指器皿在一场宴会中可能使用到的次数,设定时须考虑该器皿的使用次数以及白天、晚上同时使用的情况,以确保当天不致供应不足。

例如,以一个设有100张餐桌或能承办1200人参加的酒会的宴会厅为例,其所需的年度器皿标准量设定如下:

表3-2　宴会厅瓷器标准量设定参考表

| 名称 | 规格 | 回转数或周转率 | 破损率 | 标准量 | 说明 |
|------|------|--------------|--------|--------|------|
| 酱油壶 | | 1 | 0.3 | 130件 | 易破损;每桌一件。 |
| 醋壶 | | 1 | 0.3 | 130件 | 易破损;每桌一件。 |
| 骨盘 | 6寸盘 | 3 | 0.5 | 4200件 | 席间须撤换骨盘;按规格较高宴会计算,每桌换3次。$1200×(3+0.5)=4200$。 |
| 椭圆小味碟 | 9.4厘米×6.4厘米 | 2 | 0.2 | 2640件 | 设定2套回转数是为确保中午及晚上若同时有酒席时,仍备有足够数量的器皿可立刻摆设,而不必等到小味碟清洗完毕后再行摆置。 |
| 酱料碟 | 9.9厘米 | 4 | 0.2 | 480件 | 根据本酒店的菜肴特点,每桌设定4件。 |
| 汤匙 | 12.7厘米 | 3 | 0.5 | 4200件 | 席间更换,每桌换3次。$1200×(3+0.5)=4200$。 |

## 三、宴会布草配备

### (一)布草基本分类

宴会厅的常用的布草材质主要有棉质、混纺、聚酯纤维及丝绸棉麻和毛织物。

**1. 棉**

棉(Cotton)的优点是质感及垂性较佳,比较柔软,吸水性好、导热及导电性良好。纯棉织物在洗涤时能耐碱、耐高温,但有颜色的纯棉织物不宜用高碱和高温洗涤,以免脱色,更不能使用氯漂进行漂白,只能用低碱洗涤剂氧漂或彩漂洗涤。纯棉织物缩水程度较大,其缩水率与密度成反比,缩水率为6%~10%。棉质布草的缺点是容易产生皱褶、弹性恢复不佳、洗涤要求高、使用寿命较短,平均寿命8~10

个月,可以洗 120～140 次。在潮湿条件下也容易发霉,在日光下长期照射易发生氧化作用使纤维强力下降,所以应及时洗涤,妥善存放。

**2. 混纺织物**

棉与聚酯纤维(Polyester)混纺,棉约占 35%,聚酯纤维则占 65%,俗称为 P. C. 或 T. C.。优点是外观保持性好,色牢固及寿命长,是棉质的 2 倍,可使用 2 年(清洗 300 次左右),缩水率为 3%～5%。混纺的缺点是不如全棉舒适,吸水性相对较差。

**3. 聚酯纤维织物**

优点是有良好的外观保持性、尺寸稳定、对酸碱有良好的抗力,缩水率 3% 以下,使用寿命与 P. C. 相仿;缺点是舒适性差,吸水能力不佳,易产生静电。

**4. 丝绸及麻织物**

丝绸织物光泽特别好,柔软细腻、平滑、手感凉,丝绸织物属蛋白质纤维,高碱性、高温和摩擦都会遭到破坏,丝绸织物洗涤后不能用高温烘干或在强烈阳光下晒干,否则会影响光泽度和强度。

麻织物较容易辨别,外观挺括,手感较硬,纤维线条较明显,并有一些间隔及结头,手感较粗。但是在宴会中,麻织物装饰风格较为突出,适合营造与众不同的氛围。

**5. 纯毛织物**

纯毛织物一般为酒店宴会中贵宾用品,其手感温暖、舒适、弹性好、光泽柔和、物面平整、爽滑柔软、搓揉不会起皱。纯羊毛织物属蛋白质纤维,不能用高碱高温洗涤,也不宜水洗,一般应干洗。毛混纺织物如果用水洗,用中性洗涤剂低温(一般在 50℃ 以下)浸泡即可,也不宜高速脱水,而应中速脱水,低温烘干。

**(二) 宴会厅使用布草的种类与配量**

**1. 台布**

台布铺设于桌面之上,作为装饰,它是以墙面、地毯及台面本身为背景的;同时,台布又为台面上的餐具、插花和其他摆件做衬托。台布材质有绒质、棉布、仿绸、新型合成纤维、一次性塑料布等多种材料,正规宴会选用棉布台布为宜。图案有提花、团花、散花、工艺绣花等,使用提花图案较多。大型宴会多用不同颜色区分主桌。台布的尺寸规格为圆台面的直径加 50 厘米,最短处下垂 25 厘米;也有圆台面直径加 145 厘米,下垂部分盖住桌脚,可当台裙使用。

一般宴会厅台布存货量 = 宴会桌数 × 送洗天数 × 2 + 备用数。如翻台率高于每天一次,需根据翻台率增加备用数。

**2. 台裙**

台裙围于圆桌或长桌的桌边,是台布到地面的过渡色;同时台裙可以遮挡桌子底部,突出宴会台面的整体效果。台裙可以装饰以中国结、小流苏、蝴蝶结等,活跃宴会的气氛。

**3. 餐巾**

餐巾又称口布、茶巾、席巾、小毛巾。宴会厅的餐巾存货量 = 宴会厅全部座位数 × 2.5 × 洗涤天数 + 20%。宴会口布规格为边长 50~60 厘米的正方形。

宴会中餐巾主要有以下两个方面作用:

(1)突出餐巾的清洁功能。客人用餐时,传统的餐巾服务方式是把餐巾铺在腿膝上或搭在胸前。现在一些酒店也会根据个人的喜好把口布一角压在骨盆下面。餐巾主要用于客人用餐过程中擦嘴,防止汤汁、油污、酒水玷污衣服。

(2)呼应宴会场地主色调,美化台面布置。现代社会中人们对于饮食清洁卫生的要求越来越高,同时从宴会服务工作量以及服务工作的效率等角度考虑,很少有酒店在大型宴会的时候将口布折叠为复杂多样的花形来装饰台面。考虑到以上因素,现代酒店普遍采用的做法是突出口布使用功能的同时,注重口布颜色与宴会台面或场地主色调的搭配。有的餐巾还印有公司的标志,可以为酒店以及宴会的主办者起到很好的宣传作用。

宴会餐巾花的折叠要注意造型简单、节约时间;同时很多宴会的餐巾折花准备工作是提前完成的,因此要选择那些摆放时不易变形的餐巾折花造型。很多酒店设计了餐巾扣或餐巾套,将餐巾简单折叠好后系上餐巾扣,既美观又高效。餐巾扣或餐巾套可以为金属材质或棉质,便于清洗,同时,餐巾扣上多用宴会厅或酒店的标志来装饰。

**4. 椅套**

椅套的装饰是很好的点缀辅助色,运用得当,能起到画龙点睛的作用。椅套颜色应和宴会厅主题色彩相呼应;背面可用色彩鲜艳的条带、蝴蝶结、流苏、彩绳加彩穗、彩绳加中国结等饰物进行装饰。

**5. 其他布件**

(1)垫巾。垫巾多在宴会摆台时使用,铺设于展示盘或骨盘下面,其材质有纸质、织物垫。垫巾常印有花纹和酒店标志。

(2)小毛巾。中餐宴会中多在餐前及餐后为客人提供小毛巾,方便客人清洁手或擦去一些油腻及污渍。大型宴会中通常提供给客人餐巾后,不再提供小毛巾;或只为宴会中的主桌提供小毛巾服务,并根据季节提供冷热两种不同温度。

**(三)宴会厅地毯**

地毯是酒店装饰中使用最为广泛的织物,也是空间内营造氛围的首选。地毯具有极强的装饰性。不论在酒店的公共区域还是宴会厅,都可以看到不同材质、不同花色的地毯。它不仅仅可以铺在地面上,也可以在酒店内的客房或宴会厅中作为挂毯装饰环境,是世界范围内具有悠久历史的工艺美术品之一。

**1.地毯的分类与特点**

地毯按照材质分为真丝地毯、纯羊毛地毯、混纺地毯、化纤地毯和塑料地毯。按照织造方法分,可以分为栽绒地毯、机织地毯、无纺地毯等。此外,地毯还可以按照产地以及图案来分,这里不再介绍。下面主要介召地毯按照材质的分类方法及特点。

(1)纯羊毛地毯。我国的纯羊毛地毯以绵羊毛纤维为主要原料,触感舒适。羊毛的特点是纤维富有弹性、外观光泽柔和,是编织地毯最好的优质原料。羊毛地毯具有良好的抗静电性能,不宜老化、褪色。重要的一点是羊毛地毯具有平衡室内湿度的作用。羊毛本身的三分之一是水分,在室内干燥时,羊毛纤维可以释放蒸汽形式的水分;而在室内湿度较大时,羊毛地毯可以吸收水分。其缺点是价格昂贵,不耐虫蛀、耐菌性较差。

(2)混纺地毯。混纺地毯是以毛纤维与各种合成纤维混纺而成,品种较多,耐磨性、防虫、防蛀、防霉等方面都优于纯羊毛地毯。若混纺地毯是以纯毛纤维与合成纤维织成,则图案、手感等方面不逊色于纯羊毛地毯,但价格与羊毛地毯相差很多。

(3)合成纤维地毯。合成纤维地毯又称为化纤地毯,以化学纤维为原料,多为机织地毯。优点是具有良好的稳定性,抗腐蚀性好,阻燃、防污、防蛀,价格低于混纺地毯;缺点是吸水性和导电性差,易产生静电。

(4)塑料地毯。塑料地毯质地柔软,色彩鲜艳,不易燃烧且可自熄,最大的优点是不怕湿,可以起防滑的作用。

**2.宴会厅地毯的作用**

宴会厅铺设地毯的最大优势首先在于创造舒适环境。地毯能够与家具、装饰一起构成一幅和谐的、舒心的画面,取得极好的装饰效果。其次地毯能够取得很好的吸音和隔音效果。宴会厅的活动中不可避免地要使用音响设备,地毯的丰厚质地与毛绒簇面的表面具有良好的吸音效果,能适当地降低噪声影响;再者由于地毯吸收声音,减少了声音的多次反射,可以从一定程度上改善宴会厅内的音质。地毯还减少了在宴会厅行走或服务时的噪声,有利于为宾客创造一个安静怡人的就餐环境。再次,在地毯上行走,会产生较好的回弹力,没有在硬质地面上行走时产生的震感,有利于缓解疲劳和紧张;同时地毯上行走不易打滑摔跤,即使跌倒也不容易受伤。再次,宴会厅餐具或易碎物品掉落,地毯会减少噪声,并且从一定程度上防止或减轻破损。最后,从节能角度讲,地毯织物中的各种纤维大都具有良好的保温性能,大面积的地毯可以减少宴会厅内通过地面散失的热量。测试表明,有暖气的宴会厅内铺设地毯,其保暖值将比不铺设地毯时增加12%左右。

### （四）宴会厅窗帘

#### 1.窗帘款式与装饰效果

窗帘的款式有单层、双层、三层等，材质以纺织品为主，有棉、麻、纺丝、绸、纱等，还有竹、薄金属、草编等。不同的材料有不同的特点和装饰效果。从窗帘的装饰效果上看，它可以丰富室内空间构图。

窗帘的式样很多，要视宴会厅的风格来定。在选择窗帘时也应考虑房间的进深和大小。例如，横向平条纹的图案，会使空间有伸展感觉。垂直的图案可使空间显得高一些。大面积窗的窗帘要求图案平稳均匀，大型图案给人的印象强烈；小型图案安静、文雅，能扩大空间感，适用于小窗。

#### 2.宴会厅窗帘的作用

窗帘的基本功能是调节光线，避免干扰。对于大面积利用自然光的宴会厅，窗帘的选择更为重要。玻璃窗虽然为宴会厅提供了一份独特的户外风景，但对于不同能耗节约也提出了挑战。宴会厅的窗帘可以起到很好地遮挡阳光的作用，同时地毯也不易受到暴晒，在夏季光照较强时，应该适当遮光，保护地毯。

总而言之，窗帘是宴会厅装饰物中的一部分，除了美观的效果外，它还具有遮挡光线、调节温度、隔热等实用性。

## 四、宴会物品管理与保养

### （一）多功能厅木质家具的保养

（1）家具位置摆放合理。家具安放时要放平、放稳。如有的家具脚落空或家具底部与地面有距离时应垫上木块，防止家具变形。要注意宴会厅内温度和湿度，热源、光源位置。夏季避免潮湿环境，如室内泛潮，最好将家具同地面接触的部位隔开，同时让家具的靠墙部位同墙壁保持一定的间隙。同时，要避免阳光对家具整体或局部的长时间暴晒，选择合适的位置摆放。冬季将家具摆放在远离热源处，避免长时间烘烤使木质发生局部干裂、变形及漆膜变质的现象。

宴会厅内的家具由于场地布置原因经常需要移动，要注意巧搬轻放，切忌硬拖硬拉。粗暴地搬运会给宴会厅家具、地毯以及地面的维护保养工作增加很大的成本。

（2）家具保养得当、维修及时。擦拭家具时，要用干软布，以防划伤漆皮。不要让坚硬的金属制品或其他利器碰撞家具，保护其表面不出现碰伤痕迹。避免在桌面上放置过热或粗糙的器皿，必要时要采取隔热措施，如垫上软布或瓷盘等。用人造板制成的家具，不能用水冲洗或用很湿的抹布擦拭，更应防止与含酸、碱等的物品接触。

木质家具受潮后容易变形，要避免将湿物放在家具上，有水渍要及时擦干。

家具有了裂缝后,要及时报修,用木片抹胶补缝,或用油灰掺上与家具颜色相似的颜料拌匀后,嵌入裂缝,可避免裂缝的扩展。家具最好每隔3~5年刷一次清漆,可延长使用寿命。

**(二)宴会布草洗涤保养基本要求**

(1)布草的洗涤要求。布草的洗涤方法有干洗、水洗和烫洗。布草的收集和输送要小心,防止二次污染和人为损坏。收集与运送布草的注意事项也应该列入宴会厅员工的培训内容中。例如,在宴会结束收布草时,应首先检查送洗的物品中是否夹有硬物(硬币、大头针、针剪、打火机等),以免损坏布件。

要注意按布草的不同面料成分、污染程度、颜色深浅以及新旧程度分开洗涤。对易引起勾丝或变形的物件需用洗衣袋装好。宴会厅的布草,例如椅套、桌布等一般不用拉链带或有金属材质的物品做装饰。

(2)布草的保养要求。布草的洗涤与保养同餐具的保养一样,与部门的成本控制密切相关,是降低经营费用不可忽视的一项主要内容。首先,布草在存放前一定要洗净晾干或进行除尘熨烫,以达到杀虫、灭菌、防霉的目的。周转率低的布草应该在洗好晾干之后用密封袋装好,存放到干燥通风的地方。

其次,布草应按照尺寸大小分类放在干燥通风的仓库中,并注明型号,以便快速清点和随时取用。小型的布件,如小毛巾等,应该10个一捆扎好存放。

最后,宴会厅的布草尽量做到轮换使用,以减少其破损率,同时也可以避免久放发脆或霉变的可能性。

总之,多功能厅的家具、布草以及器皿的选择是影响场地整体氛围的重要因素,是经营管理者必须经过科学分析之后做出的慎重选择,这涉及目标市场客户的喜好甚至取舍。同时,家具、布草、器皿的清洁与保养要求是部门员工的必备知识,对多功能场地的经营与业绩都有着至关重要的影响。

**(三)宴会厅器皿的保养要求**

(1)宴会厅金属器皿及银器的保养。宴会中使用的金属器皿或者银器皿应由专人保管并登记在册,每次使用后都应该清点入库。大型宴会的贵重器皿领用、归还与清点都应该履行严格的手续。

除了正常的洗涤擦干外,还应该对金属器皿进行定期的保养。例如,银器长久不用会变黄甚至发黑,失去光泽。银器应该保持光亮,无磨损。银质餐具使用前应该经高温消毒和抛光处理。经常使用的银器每两周抛光一次。不经常使用的银器,清洁后需要用塑料袋密封,并储藏于库房内。

(2)玻璃器皿的保养。要有正确的擦洗玻璃杯的方法,擦杯子时用力得当,避免手指与杯身直接接触,以免玻璃杯有裂口割伤手指或者二次污染。擦好的玻璃杯要按照不同的规格和大小放置于专门消毒的杯筐内。玻璃杯在保养和搬运的过程中最忌重压或碰撞。

（3）瓷器的保养。宴会厅所用器皿的规格和型号复杂，数量较多。瓷器要及时清洗，不能留有油垢或茶垢。清洗时要注意盘子、碗的底部有凹槽处，确保无污渍。瓷器消毒后要及时放入橱柜内，避免再次污染。在宴会结束收拾餐具时，应该大小分档、叠放有序。酒店的高档宴会中多使用骨瓷。这是唯一由西方发明的瓷种。骨质含量越高的骨瓷，在制作过程中的成品率就越低。骨瓷饰金是纯手工工艺，其保养要比普通瓷器更娇贵一些。使用微波炉加热或放入洗碗机清洗都对骨瓷的保养不利。骨瓷在清洗时洗剂的 pH 值必须在 11～11.5 之间。若宴会的规模大，骨瓷一定要使用洗碗机清洗，则要避免高温，最好将水温控制在 70℃ 左右，不能超过 80℃。要注意不要把热杯子直接放入冷水中。如果瓷器有刮花的痕迹，可以用药膏打磨。

**（四）地毯清洁保养**

宴会厅地毯的清洁保养要做到以下几点：

（1）及时清理。一般宴会厅的地毯吸尘需每天一次，且吸尘时最好每个部位吸两遍。第一遍应该逆地毯绒头吸，可以彻底吸尘；第二遍应该顺着地毯绒头吸，可以恢复原有的绒头倒向，避免造成绒头倒向杂乱，造成地毯色差。宴会活动过程中经常有纸屑、绒毛等，用吸尘器可以解决。而若地毯上不小心有玻璃碎屑，应该用宽胶带将碎玻璃黏起；如碎屑多且呈粉状，应该用棉花蘸水黏起碎屑，再用吸尘器彻底吸干净。此外，清除地毯灰尘时，可以先撒点盐抑制灰尘飞扬，因为盐可以吸附灰尘，再将微小的尘屑清理干净。原则上，宴会厅的地毯一经使用就要坚持每天清理吸尘，一旦灰尘堆积则很难用常规方法清理干净。

（2）除渍清洗方法。地毯有干洗和湿洗两种方法。由于宴会活动的特点，宴会厅的地毯清洁经常会遇到有异味、咖啡渍、焦痕、工作车痕迹以及凹痕等清洁问题。

①去除异味。要防止宴会厅地毯的异味，应该注意通风、防潮。除了利用通风方法以外，在温水中加入适量醋擦拭地毯，可以有效去除异味。醋有较好的除臭功能，同时还可以防止地毯褪色或变色，让地毯变得更加耐用，颜色常新。此外，苏打水也具有除臭功效。

②咖啡、茶渍清理。处理咖啡渍、红茶渍等容易沾染颜色的食品污渍时，可先用干布或纸巾吸干水分，再混合白酒和酒精洒在污渍上，用干布按压清除。

③工作车痕迹。装有橡胶轮胎的工作车轮子，碾压在地毯上或大理石地面上，都会留下黑色痕迹，因此要经常擦拭轮胎。要避免车痕，在购买工作车的时候就要考虑到这一因素。

④凹痕。宴会厅的家具或设施在地毯上放置过久会留下凹痕，可以使用家具

脚垫或尽量避免长时间将家具放置在宴会厅地毯上。对地毯上的凹痕,可以用电熨斗在其表面轻轻地来回熨烫,然后再用刷子梳理熨烫后的绒头,使其恢复如新。

# 第三节　宴会菜单设计

宴会菜单通常是宴会活动中酒店为与会客人提供的最为核心的产品。酒店宴会菜单的制定凝聚了餐饮的后台与前台、财务部、采购部门等多方的共同努力,同时是兼顾了酒店技术力量、市场定位、成本控制等多种因素的成果。菜单设计在宴会部门经营管理中起着提纲挈领的作用。由于经营和服务特点,宴会菜单对经营管理的影响相比零点餐厅更为突出。

## 一、宴会菜单作用

概括来讲,宴会的菜单体现了酒店的产品定位,是酒店宴会部门接待能力的体现。宴会菜单是宴会服务的纲领,是酒店经营的最佳宣传品。

从宴会统筹人员角度讲,宴会菜单的意义主要有以下几个方面:

**1. 菜单设计关系到宴会经营成本**

菜单设计是餐饮设计的第一要务,同样宴会菜单的选择决定着宴会经营成本。理想的菜单应该在菜式的品种、品质和数量上维持一个合理的比例。

菜单上用料珍贵、原料昂贵的菜品比例偏高,必然导致食品成本上升。精烹细作、工艺复杂的菜品多,也会使劳动成本升高。

若一份宴会菜单所列菜点的原料选择范围太大,但是每种原料只用作单一菜肴制作,不仅充分利用率不高,而且会为原料的采购、保管增加工作量,浪费、成本增大在所难免。

宴会菜单核算不准,菜点组合不当,更直接影响餐饮成本控制。

综合来看,对宴会经营来说,调整菜单上不同成本菜式比例成为生产成本控制的重要环节。

**2. 宴会菜单反映宴会部门的接待能力**

首先,宴会部门选购设备、厨具、家具及餐具等,其种类规格、品质、数量很大程度上都取决于菜单上的菜肴种类、特色和目标客户需求。中餐和西餐厨房的布局也大相径庭。

宴会部门现有的设备性能、设备数量从某种意义上说都反映在菜单里,可以看出宴会菜单与设备的不可分割性。例如,一场蟹宴需要配备专用蟹钳和洗手盅,制作北京烤鸭需要挂炉。每种菜肴都需要相应的加工烹饪设备。菜肴的水准越高、种类越丰富,所需要的设备和服务餐具也越特殊。因此,在客人提出更改菜单上的某个菜肴或对菜肴提出特殊加工要求时,统筹人员要根据宴会部门现有的设备情况和加工能力予以答复。

其次,一份宴会菜单的设计还要考虑后厨的技术力量。例如,厨师的烹饪技艺、水准等。服务人员的服务技能和经验也是影响菜单能否实施的因素,如宴会部门现有的服务人员数量、服务技能、外语水平等。

**3. 宴会菜单设计影响食品材料采购及储藏**

食品原料的采购和储藏是宴会部门经营活动的必要环节,菜单内容从某种意义上说是采购和储藏的指南,在一定程度上决定采购的规模、储存的要求。宴会菜单多使用固定菜单,其菜式品种一段时间内相对保持不变,所需要的生产原料、品种、规格也就相对稳定。这就使酒店在采购原料方法、采购标准以及供应商等方面的选择相对固定。与此相对应,酒店的采购途径、结账方式与周期等管理程序容易建立起长效管理机制。如果宴会菜单经常变化,必然使原料的采购变得更加烦琐,耗费更多人力成本。

**4. 菜单是制订宴会服务方案的依据**

首先,菜单直接影响服务人员的配备。宴会的服务出菜顺序、"出菜秀"的安排、现场服务计划等都需要围绕菜单来进行。不同主题的宴会菜单所要求的服务人员数量有很大差别。如自助餐会与中式圆桌宴会所需要的人员数量有很大差别。菜单还决定了宴会厅餐具摆放的种类、所使用的餐具数量等。

其次,菜单也影响了宴会服务中各岗位的工作量。一般来说,宴会食品加工切配的时间较烹调制作的时间长,如果菜品设计中蒸、炖菜品较多,则现场烹制加工的工作量就相对减少。

**5. 菜单设计应考虑设备条件,兼顾技术力量**

首先,厨房现有的设备条件和厨师的技术水平很大程度上影响了菜点的种类和规格。菜单上所列的菜式数量必须合理,烹饪方法也需要兼顾考虑,避免造成厨房内的某些设备使用过度,而另外一些设备得不到充分利用。

其次,即使厨房有较大的生产能力,在设计菜单时也要考虑其他餐饮场所的供应安排,避免应接不暇而出菜延误。菜单上的菜点设计也影响到后厨人员的合理分工和工作效率。

**6. 菜单是企业与客户沟通的桥梁**

作为一种信息的载体,菜单在无形中还体现了酒店的组织管理水准,显示了企业的文化内涵。菜单通过颜色、装饰、文字等设计反映了企业的综合文化。

宴会厅的菜肴特色、价格水准、服务标准等信息,也直接影响着客户的最终购买决策。

综上所述,对统筹人员来说,了解宴会餐单中菜肴的烹饪特点、宴会厅的器皿规格及数量、宴会部门的服务标准是非常必要的,而这些信息都隐藏在菜单中。宴会统筹人员与客户洽谈时,可以事先了解针对宴会活动的特点,酒店提供的菜单可以调整的范围。

## 二、宴会菜单设计考虑因素

### (一)宴会菜单内容设计要求

**1. 菜单设计要有针对性**

即便是同一个宴会场地,中式圆桌服务、西餐服务、自助餐会、鸡尾酒会等不同的宴会主题,其菜单的设计及与考虑因素也各异。无论何种形式的菜单设计,有针对性,菜单就有特色。菜单设计的针对性主要考虑以下几个方面:

(1)针对与会客人需求。

首先,因人配菜,是宴会菜单考虑的首要因素。随着社会发展,国内、国际交流的增加,消费者饮食观念的改变以及对健康的重视,宴会菜单对宴会厅的经济效益和社会效益都会产生深刻的影响。现代烹饪理念越来越推崇"食疗"或"食补",有些宴会厅会根据季节推出相关的特色菜肴,甚至作为宴会招牌菜。

(2)针对客人的喜好。

首先,注重与会客人的饮食偏好。例如,菜单要针对客户群的消费特点来设计每一道菜肴的规格。面向家庭的婚宴、寿宴等,习惯上菜量要大,保证客人能吃饱;菜肴数量也以多些为宜。而商务宴请则对菜肴的精致与否更为关注。

其次,注重不同宴会中人们对菜名的要求。中式宴会菜单讲究"讨口彩",尤其在婚宴或寿宴菜单上更是如此,且南方比北方注重讨口彩。而外籍客人更愿意在菜单中标注原料及烹饪方法。在设计一些大型宴会的菜单时,要注意中英文的不同表述方法,让不同国籍的客人都赏心悦目。

(3)尊重不同与会客人的禁忌与信仰。

首先,宗教信仰问题也是宴会菜单设计时不可忽略的因素。一次宴会的客人可能来自全球各地,有着不同的文化背景和信仰,对饮食方面的要求是不同宗教信仰人群之间的族群划分的重要标志。宴会统筹人员要事先了解客人信息,适当地调整菜单,同时也要注意沟通或服务时的具体要求。

其次,宴会菜单设计中应该考虑到一些民间禁忌。例如,国内很多地方的喜宴或寿宴菜肴一般都是双数,只有在丧宴中才出现单数;在我国香港地区的婚宴中菜肴也忌讳出现单数。

**2. 宴会菜单要有完整性**

无论何种规模或规格的宴会,在菜单设计上都要遵循一定的就餐习惯和顺序。如,一套完整的中式宴会菜单最基本的应该包括冷菜、热菜(要求荤素搭配)、甜点、汤、点心、主食、水果等,还需要搭配不同内容的酒水。

宴会菜单的完整性还表现在全席的菜点类别和风味特点突出。一般来讲,在整场宴会菜点的搭配上,全席菜中突出热菜,热菜中突出大菜,大菜中突出头菜。核心菜品确立后,辅佐菜品按照主次、从属关系确定,形成整个宴会的完整的菜肴风格。

**3. 菜单设计应充分考虑预算**

宴会菜单设计考虑预算的着眼点主要有两个方面,一是考虑食品原料成本和菜肴的获利情况,二是考虑食品原料的供应情况。

(1)食品原料成本和菜肴的获利能力。这是菜单设计时宴会部门为获得预期的经营利润所做的第一步计划工作。菜单中的菜肴搭配要合理,如果高成本菜肴过多,酒店很难获得预期的赢利。因此,在决定一款菜肴是否应该被列入宴会菜单或是否应该答应客户的菜单调整意见之前,应该综合考虑其对整个宴会菜单赢利情况的影响。

(2)食品原料的供应情况。食品原料的供应受到市场供求关系、采购、运输等条件的影响。宴会菜单设计时应该考虑到地区、季节的供应情况和特点,尽量使用供应充足的原料。此外,还应该考虑酒店现有的库存原料。对鲜果、蔬菜、乳制品等易损食品要优先使用。

**(二)菜单印刷设计要求**

宴会菜单是一种营销工具,在设计时既要注意形式美观、大方,又要保证其内容详略得当。宴会菜单有垂直设计、多层水平设计以及旋转式设计。根据各地风俗文化或宴会主题不同设计成扇形、卷轴式等。客人对菜单的第一印象来自菜单设计,它起着统领全局的作用。好的菜单会烘托和渲染宴会的气氛,延伸和升华宴会主题,给与会客人留下深刻印象。

**1. 菜单装帧要求**

(1)布局合理。

首先,菜单篇幅要合理。宴会菜单多为套餐菜单,设计时要考虑宴会菜肴完整性的特点,尽量使一种主题的菜单在一个单页上显示出来,方便客人对比挑选。其次,一套宴会菜单在文字的安排上要合理,避免字数过多,要易读好认。尤其是婚宴菜单中,酒店会提供一些附加的免费服务内容,如婚礼蛋糕、香槟、每桌赠送的软饮料清单等。如果这些免费的服务内容与宴会菜单放在一起,会使人眼花缭乱,最好能够分开印刷,使整体的布局更为合理。

其次,宴会菜单中要注意菜品的布局顺序合理,并将主菜或热菜放在中心位置。

最后,酒店的标志、服务电话等应避免印刷在菜单的末尾,应安排在封面或扉页。

（2）主题鲜明。

一些酒店会在菜单封面上印凸起或烫金的标志，或把菜单封面设计成企业的主题色；选择金色、红色、银色等在很多种文化中都代表吉祥或繁荣的色彩；有的酒店会针对活动的类型来设计菜单封面，如红、黄、蓝三色或彩虹图案作为儿童生日宴会的菜单封面；红色或金色被广泛用于寿宴或婚宴的菜单封面，借助于文字和图片处理软件，酒店还可以在菜单上印一位寿星的图案或一对比翼双飞的爱情鸟做装饰；有的宴会还会将新人的结婚照片印在封面，给亲朋留作纪念；等等。这些布局多样、用心独到的设计不但与客户举办的活动主题理念相匹配，也给客人留下了良好印象，起到很好的销售作用。

**2. 菜单文字信息**

菜单作为企业与消费者沟通的桥梁，起着传递信息的重要作用。因此，菜单的文字信息应该包括以下几方面内容：

（1）产品与价格信息。菜单上所列的菜品一定要"名副其实"，质量、分量不能偷工减料。若菜肴价格有变动，必须更改菜单。菜名应好听易记，不能模糊或离奇。一些富含寓意的菜名，需要注明原料及烹饪方法。

如果宴会活动中要另外加收服务费，也应该在菜单上予以说明。

（2）机构信息。首先，菜单上要有酒店名称、地址、标志、预订或联系电话、营业时间等信息。其次，如果酒店不同宴会厅设立了几种不同的价格标准，也要在菜单上注明"本菜单适用于 A 厅"、"本菜单 10 桌以上起订"等字样。这样可以让客户对酒店产品分类有清楚的了解。

有些酒店的菜单设计中还包含了酒店宴会厅的历史背景介绍以及设备设施的特点介绍。

（3）其他特殊信息。菜单上的特殊信息包括特殊优惠或促销活动时间等信息。如果酒店在一定时间内有优惠政策，应注明优惠活动的开始和截止日期以及活动的相关解释，避免宴会统筹人员在与客户洽谈时产生误会。

## 三、宴会菜单设计注意事项

从统筹人员的角度看，与客户商讨宴会菜单安排时，应考虑到菜单在整个宴会活动中的重要性，要注意以下两个方面的内容：

### （一）宴会菜单变更对服务的影响

客户在洽谈时可能会根据自己的喜好提出更改菜单上某道菜肴的要求，统筹人员在答应客人之前最好能够跟厨房和宴会服务部门沟通，了解其操作的难易程度。例如，中式圆桌宴会中，客人要求将每桌例汤改为炖盅。这一变动可能涉及的影响包括宴会部门是否有足够的器皿，厨房在当天是否能够在要求的宴会时间内出品,宴会厅所需的传菜人员是否需要增加,现场服务人员在服务这道菜肴时的风险是否会加大,每人每份的炖盅是否会延长整个出菜时间从而影响宴会进程。

此外,从客户的角度,统筹人员还要帮助其考虑整个宴会的菜肴搭配中,蒸、炖类的菜肴比例是否合理。由此我们可以看出,宴会菜单的调整是牵一发而动全身的事情,统筹人员在回复客人之前一定要意识到菜单变动的重要影响。

同时,还可以提供给客户不同宴会形式的菜单供客户斟酌。

### （二）对客户的影响

统筹人员也要注意,尽管菜单的更改对酒店服务有较大影响,但是在与客户洽谈时不要给客户留下没有选择余地的感觉。统筹人员应该提供多种不同价位。如宴会菜单需要变动时,统筹人员可能会在原菜单上做更改。但是一旦与客户签订合同,统筹人员给客户的最终确认菜单一定不能有更改的痕迹,需要在电脑中重新打印一份作为合同内容的一部分留存。

此外,统筹人员不要将涂改过的菜单提供给客户作参考,这种做法给人以不专业的印象。更为重要的是,菜单涉及企业形象和宣传,涂改过的菜单使客户感觉统筹人员不够严谨,进而对宴会厅的服务、菜品的质量以及酒店是否有公正、公平的价格体系都产生怀疑。总之,使用涂改过的菜单容易使客人产生误解,对宴会经营带来不利影响。

## 四、宴会菜单中的菜名命名方法实例

宴会菜单的命名尽管在不同的宴会主题中会有所改变,但是宴会主办方及与会客人更愿意知道菜肴中都用到哪些具体的原料和配料。除了在菜单设计时标注外,在命名上也要遵循一定的方法,使菜单通俗易懂、简单明了,方便客人选择和服务人员服务。

表3-3　菜单命名方法及实例

| 命名方法 | | 命名特点与实例 |
| --- | --- | --- |
| 写实命名方法 | 配料加主料 | □ 如龙井虾仁、腰果鸡丁、芦笋鱼片、松仁鳕鱼、西芹鱿鱼等。<br>□ 使客人知道菜肴主、辅料的构成与特点,能引起人们的食欲。 |
| | 调料加主料 | □ 如黑椒牛排、茄汁虾仁、蚝油牛柳、豆瓣鲫鱼等。<br>□ 说明用特色调料制成菜肴,突出菜肴口味。 |
| | 烹法加主料 | □ 如小煎鸽米、干烧明虾、清炒虾仁、红烧鲤鱼、黄焖仔鸡、拔丝山药、糟熘三鲜、余奶汤鲫鱼等。<br>□ 突出菜肴的烹调方法及菜肴特点,明确用什么烹调方法和原料制成。 |

续表

| 命名方法 | | 命名特点与实例 |
|---|---|---|
| 写实命名方法 | 色泽加主料 | □ 如碧绿牛柳丁、虎皮蹄髈、芙蓉鱼片、白汁鱼丸、金银馒头等。<br>□ 突出菜肴艺术特性，给人以美的享受。 |
| | 质地加主料 | □ 如脆皮乳猪、香酥鸡腿、香滑鸡球、软酥三鸽、香酥脆皮鸡等。<br>□ 突出菜肴质地特性，给人以美的享受。 |
| | 外形加主料 | □ 如寿桃鳊鱼、菊花财鱼、葵花豆腐、松鼠鲑鱼、琵琶大虾等。<br>□ 突出菜肴外形特点，生动有趣。 |
| | 味型加主料 | □ 如酸辣乌蛋羹等。<br>□ 突出菜肴品味，令人馋涎欲滴。 |
| | 器皿加主料 | □ 如小笼粉蒸肉、瓦罐鸡汤、铁板牛柳、羊肉火锅、乌鸡煲等。<br>□ 突出烹制器皿或盛装器皿及烹调方法。 |
| | 人名加主料 | □ 如东坡肉、宫保鸡丁等。<br>□ 冠以创始人姓名，具有纪念意义和文化特色。 |
| | 地名加主料 | □ 如北京烤鸭、西湖醋鱼、千岛湖鱼头等。<br>□ 突出菜肴起源与历史，具有饮食文化和地方特色。 |
| | 特色加主料 | □ 如空心鱼丸、千层糕、京式烤鸭、响淋锅巴等。<br>□ 突出菜肴特色和主料，勾起人们的好奇之心，不禁想要尝一尝。 |
| | 数字加主料 | □ 如一品豆腐、八珍鱼翅等。<br>□ 富有语言艺术性。 |
| | 调料加烹法加主料 | □ 如豉汁蒸排骨、芥末拌鸭掌等。<br>□ 使客人全面了解菜肴所用的主、辅料及采取的烹调方法。 |
| | 蔬果加盛器 | □ 如西瓜盅、雀巢鸡球等。<br>□ 将蔬果、粉丝做出食物盛器形状，来装盛菜肴，既是盛器，又是菜肴。 |
| | 中西结合 | □ 西法格扎、吉力虾排、沙司鲜贝等。<br>□ 说明采用西餐原料或西餐烹法制成，吃中餐菜肴，体现西餐味道。 |

续表

| 命名方法 | 命名特点与实例 |
|---|---|
| 模拟实物外形命名 | □ 强调造型艺术,如金鱼闹莲、孔雀迎宾等。 |
| 借用珍宝名称命名 | □ 渲染菜品色泽,如珍珠翡翠白玉汤、银包金等。 |
| 镶嵌吉祥数字命名 | □ 表示美好祝愿,如二龙戏珠、八仙聚会、万寿无疆等。 |
| 借用修辞手法命名 | □ 讲究口彩吉兆,如早生贵子、母子大会等。 |
| 附会典故传说命名 | □ 巧妙进行比衬,如霸王别姬、舌战群儒等。 |
| 赋予诗情画意命名 | □ 强调菜肴艺术,如百鸟归巢、一行白鹭上青天等。 |

**案例分享**

某酒店的多功能宴会厅面积超过 4000 平方米,天花板上有几十组漂亮的吊灯,仅灯泡就有近万只。这些吊灯有着非常好的装饰效果,但这一设计也给场地的安全带来隐患,每次有重要会议,酒店都对吊灯上的玻璃片十分担心,怕自燃或自爆引发事故。经相关技术人员的考察和设计,酒店请专业公司将每一组吊灯都用透明网线包起来。由于宴会厅层高将近 10 米,透明网线包上后几乎看不出痕迹,吊灯的安全问题也迎刃而解。

(资料来源:王济明.会议型饭店精细化管理.北京:中国旅游出版社,2009.)

思考:宴会场地灯光的设计有哪些注意事项? 如何解决此案例中的吊灯安全问题? 你认为宴会的场地设计还有哪些需要考虑的因素?

**思考与练习**

1. 在营业空间及作业空间布局上,宴会厅的设计要考虑哪些因素?

2. 考察你所在地区的酒店,找出其场地设计的特点,分析其对经营服务的影响。

3. 宴会厅的厨房布局有何要求? 宴会厅的厨房设计会给宴会厅的整体经营带来哪些影响?

4. 宴会厅的家具都有哪些类型? 家具配备有何要求?

5. 根据不同类型宴会厅座位数及经营定位,谈谈其餐具的配备需要考虑哪些因素。

6. 你所了解的宴会厅布件都有哪些类型? 其特点是什么? 有哪些相关的洗涤和保管制度要求?

7. 宴会厅的餐具选择与零点餐厅有哪些不同之处？

8. 宴会厅所使用的瓷器器皿和银器器皿的洗涤和保管有哪些相关的规定？

9. 宴会厅的地毯有哪几种材质？不同材质的地毯清洁和保养有何要求？

10. 宴会菜单对宴会经营的影响具体体现在哪些方面？

11. 宴会菜单的更改会带来哪些影响？

12. 收集你所在地区2~3家酒店的宴会菜单，谈谈其在菜肴命名上所使用的方法和特点，并讨论这种菜单设计给酒店宴会厅带来的宣传效果。

# 第四章

# 中式宴会筹划与服务

宴会的筹划与服务就是一场由主办方以及酒店工作人员共同策划、同台合作的演出。而服务产品的特点决定了这样的"演出"没有"彩排"的机会,无论何种形式的宴会,其成功的关键都是细节。

本章从中式宴会策划与统筹的角度出发,详细介绍中式婚宴、商务宴会策划与服务过程中的场地布置、现场督导、会后清场工作的统筹要点,包括了物品准备、人员分工、外借人员管理、衣帽寄存服务等工作内容。

## 学习目标

- 了解中式宴会的座位、台形设计原则以及服务准备工作统筹要点。
- 知晓中式宴会现场服务督导内容。
- 制定不同主题中式宴会服务预案。
- 了解国宴的特点及服务的相关内容。

## 第一节 中式宴会策划与统筹服务要点

### 一、中式宴会台型设计

#### (一)中式宴会座位安排原则

中式宴会大多使用圆台面。一般来说,中式宴会的座位安排原则主要有以下几点。

**1. 以右为尊**

无论是整个场地圆桌布置顺序还是每桌客人的座位安排,中餐都以右为尊。

**2. 突出主桌**

宴会整场布局要突出主桌或主宾的位置,通常宴会厅中主桌的台布颜色和所使用餐具区别于其他桌。

**3. 高近低远,面门为佳**

就与会客人的身份而言,身份高的客人离主桌近,身份低的客人离主桌远;同时主桌以面门、靠墙或有良好观景视野的位置为佳。

**(二)中式宴会台型设计**

中式宴会台型设计首先是对整个宴会场地的区域布置进行划分,其次再根据宴会的规模、标准来合理安排座位的布局。

**1. 宴会场地区域划分**

从宴会厅台型设计的角度看,首先要划分出宴会场地的舞台背景区域、客人活动区域、服务辅助区域三大功能区域。舞台背景区域包括讲话致辞区域、乐队伴奏区域、演出区域、绿化区域等。服务辅助区域包括备餐台、酒水台、后厨传菜区域等。划分不同的空间区域能使宴会服务分工更加明晰。

**2. 宴会台型摆放**

在划分宴会区域的基础上,才能更进一步设计客人与服务人员互动的台型。整个宴会场地要有较为明显的主通道、副通道,且主通道要比其他通道更加宽敞。餐桌间距设计要方便客人走动,不能影响服务人员上菜、斟酒以及撤换餐盘的服务。一般餐桌间距不小于 2 米。桌与桌之间的距离过小,易使客人产生压迫感,影响服务人员服务;餐桌之间距离过大,会给客人之间沟通带来不便,造成客人之间疏远的感觉。

整个宴会厅餐桌摆放既要考虑客人用餐与交谈方便,也要为服务留有适当的空间。在规格较高的宴会中,考虑安全或外交要求,在台型摆放时要留有明显的贵宾通道,便于贵宾入场。

此外,根据宴会的进程,宴会场地的区域分割要求也会不同。如果宴会中有演出安排,要考虑在舞台与第一排餐桌之间保留适当距离,既方便演员入场,也方便灯光控制、话筒传递、舞台督导等工作。如果宴会中有"出菜秀",则主通道与副通道要选择同为纵向或横向,能够营造更好的效果。

总之,任何一个宴会台型设计要合理利用场地条件,使宴会的各部分工作区域井然有序,互不干扰,便于统筹协调人员高效开展工作。

**3. 宴会厅的台型布置方案**

（1）方格形排列。它是宴会厅常采用的一种排列方式，无论横向或纵向都呈一条直线，餐桌都摆放有规律，呈方格形；主通道及副通道明显，便于宾客就座及服务，尤其能体现主桌或贵宾区域的布置。大型宴会厅采用此种排列形式，能体现出庄重、气派的氛围。

（2）品字形排列。通常以3桌摆成一个"品"字形，上方为主。一般会在"品"字组排列的餐桌周围布置装饰或绿化。这种台型布置占用空间相对"方格"形较大，但通常能给宾客营造舒适宽松的就餐环境，通常用于场地大而桌数少或横向较宽的宴会场地。

（3）菱形或梅花形排列。这两种方式都是围绕主桌为中心摆放的，适用于桌数少、中型或小型宴会厅；在大型宴会厅中使用则会留下较多空余面积，场地面积的利用率相对较小。

宴会台型的摆放通常根据场地与主题，结合实际情况，综合利用以上介绍台型，以确保最佳效果。无论采用何种台型，中式宴会餐桌摆放应力求视觉上的整齐划一，例如做到桌角一条线，椅子一条线，花瓶一条线等。一场完美的宴会台型摆放必须从各个角度看都间隔适当，整体对称和谐。

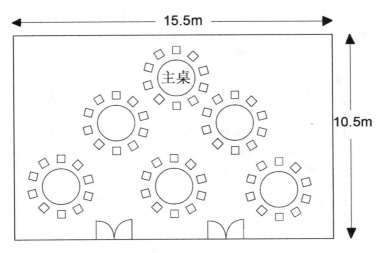

图 4-1 台型样式一

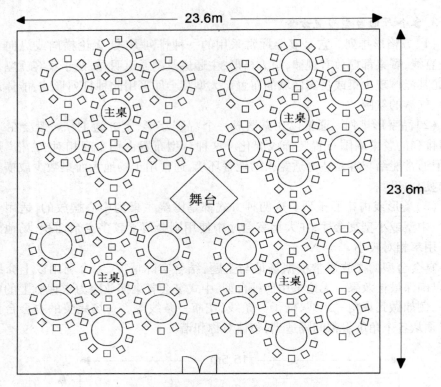

图 4 - 2　台型样式二

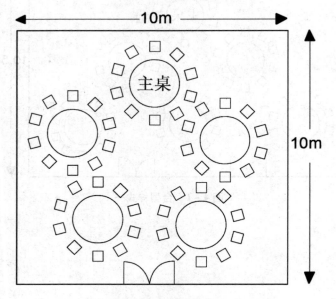

图 4 - 3　台型样式三

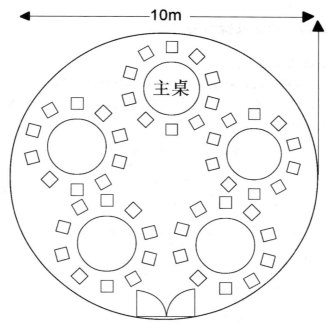

图 4 - 4　台型样式四

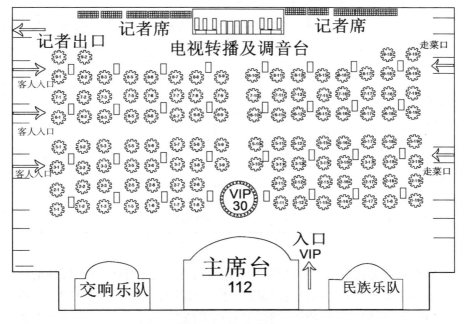

图 4 - 5　台型样式五

### 二、宴会准备与服务区域布置

#### （一）宴会物品准备

根据宴会的举办时间,宴会服务主管人员会根据菜单以及任务单的具体要求开"宴会活动物品准备清单"。这项工作通常由餐饮部门的管事部来完成。

物品准备要求如表4-1所示。

表4-1　宴会物品准备清单

| 活动名称：　　　　　　　　桌数：　　　　　　　　　　　任务单号： | | | |
|---|---|---|---|
| 预订场地：　　　　　　　　人数： | | | |
| 以下餐具请务必于　　年　月　日（星期　）　　准备完毕! | | | |
| 器皿种类 | 规格/颜色 | 数　量 | 备　注 |
| 瓷器类 |  |  |  |
|  |  |  |  |
|  |  |  |  |
|  |  |  |  |
| 玻璃器皿类 |  |  |  |
| 布草类 |  |  |  |
|  |  |  |  |
| 其他 |  |  |  |
|  |  |  |  |
| 部门宴会服务负责人：　　　　　　　　联系电话： | | | |

在宴会物品准备清单中,一定要写清物品准备的具体时间要求,以便前台服务人员能够在预订时间内完成场地的布置工作。对各类器皿规格以及颜色也要有具体说明,在宴会场地出租率较高、物品周转快的情况下,宴会物品准备清单能够为部门统筹安排宴会器皿、布草洗涤等工作提供参考,确保宴会布置及时。

### (二) 宴会服务工作区域布置

#### 1. 设立服务工作区域

大型宴会要设置备餐台或酒水台,供上菜、分菜、换盘、酒水服务等用。宴会厅内设置的临时酒水台位置及数量、储备酒水量、备餐台数量都要根据宴会的规格、菜肴特点、客人特点等来定;同时备餐台和酒水台的设计还要考虑宴会中分区管理工作的方便。

设立临时酒水台可以方便服务人员续添酒水饮料,通常每 250~300 位宾客设置一个 3~4 米长的酒水台即可。

备餐台多靠边、靠柱而设,并且与服务范围内的餐台较近,在提高服务人员工作效率的同时,尽量不要影响场地的整体布局。

此外,服务人员的工作区域也需要事先明确。酒店员工身着制服,非常醒目,宴会过程中的服务行进路线也要在宴会开始前告知,避免影响宴会的氛围。在宴会活动中,服务人员需要在规定时间内把菜上齐,同时要照顾每桌客人提出的服务要求,非常忙碌,因此划分前后台工作区域及确定服务人员路线安排是非常必要的。

#### 2. 座位台号

座位台号的主要作用是使客人较方便地找到自己的位置。排台号有两种方式,一种是绘制座位图标,另一种是将桌号牌放置在餐桌上。大中型宴会,在入口处应提供台号示意图,通常醒目地印制在背景板或较大的指示牌上,以颜色分组来标示与会客人的就餐区域,可以较快地疏散客流。

一般除主桌外,每一张餐桌上都应该摆放桌号牌,待客人就座后撤下。餐桌编号最好以数字或颜色区分,方便宴会分工以及服务人员工作。大型宴会的台号号码牌高度最好不低于 40 厘米,使客人在进入宴会厅时就可以清楚地看到。

### (三) 宴会着装选择

宴会厅服务人员的服装选择首先要考虑其舒适度,这是酒店设计制服时不能忽视的因素。宴会厅的工作劳动强度较大,持续工作时间长,员工的制服最好选择宽松或休闲款式,有利于缓解员工的压力。在款式宽松、面料舒适的基础上,宴会制服应该考虑融入企业文化或与场地的装修风格相吻合。好的服饰不应该仅仅是为宴会厅整体风格增添魅力,同时也应该让员工感觉穿上制服能够轻松自信地工作。

宴会厅就像一个舞台,服务人员的言谈举止和着装打扮都展示在台上,因此宴会服装也是影响宴会服务质量的一个重要因素。服装的类型要与宴会的主题相一致。只有服装颜色、款式与宴会厅的布件颜色搭配得当才能营造宴会效果。例如宴会的主题是东方之夜,宴会厅的布置也处处体现东方风情,那么宴会服装设计中应该融入东方元素;如果宴会是为了赛车选手而举办,服务人员服装就不应该过于正规或拘谨。

每一次宴会的主题和风格都不会相同,宴会服务人员的着装可以综合考虑利用酒店各个部门的服装元素或配饰,来体现其独特的风格,给客人新鲜感。

酒店需要制定严格的措施来保证宴会制服整齐干净,如果服务人员没有穿制服或制服上有污渍或皱褶,管理者最好拒绝其上岗或者调换岗位。这样的措施会给整个团队发出一个强有力的信号,即制服是服务中非常重要的一部分,每个人都必须遵守规定。

除制服以外,服务人员的个人卫生也很重要,因为在相对封闭的就餐环境中近距离接触客人,异常的体味是令人尴尬的。

## 三、人员分工

宴会服务必须做到整个团队行动一致,宴会分工是关键环节。分工的内容不仅仅包括了解客人情况、服务要求,还包括宴会结束后的清场打扫工作。分工越明确,服务合作效率越高。

在宴会开始前,服务人员要对服务的详细信息进行了解。这些信息包括:客人的饮食禁忌、文化背景,菜品的出菜顺序、特殊服务要求、重要贵宾的基本情况、文艺表演的起止时间、楼层卫生间的位置、紧急情况处理程序和原则、宴会结束后的疏散通道、车辆交通安排等。

在宴会的服务现场,必须根据宴会规格、类型、服务分管区域进行更为详细的工作任务分配。在进行人员分工的同时,还要注意人员安排的技巧。通常备餐、传菜等劳动强度较大的任务较宜安排男员工;主桌服务、嘉宾致辞斟酒的任务宜安排经验丰富的资深员工。区域负责人宜安排领班以上管理人员。大型宴会如有外借服务人员,则最好安排新老搭配。

分工明确是第一要务,合理的分工会减轻员工的劳动量。例如合理的传菜路线及服务路线设计、餐盘回收车的整理这两个环节就能极大地提高服务效率,避免员工重复劳动。此外,在大型宴会场地,传菜人员每一次往返的距离可能会超过100米,甚至更远。在分工时,要使员工每一次"出场"的服务效率最大化。例如,应提醒每位传菜人员不要空手回到厨房或工作间,要及时带回脏盘子和杯子。每一次宴会的清洁收尾工作,也必须在分工时就安排好;对客人遗留物品的处理也是分工中必须提到的任务之一。

总之,除了要整体考虑宴会服务活动的具体工作内容,明确清楚分配给每一名员工工作任务外,宴会负责人应该掌握服务团队的特点以及员工的心理素质,在安排工作时要扬长避短,将优势发挥出来。

## 四、外借人员管理

鉴于酒店对人力成本的控制目标以及目前市场劳动力短缺的状况,确保每次大型的宴会活动有充足的服务人员已经成为越来越多宴会部门需要慎重面对和认真思考的问题。

一般酒店主要通过中介劳务公司雇用计时工(或小时工),按小时付费,外借人员的保险、安全等风险由中介公司承担。这种用人方式虽然给企业减轻了压力,但是在目前服务市场未成熟的情况下,外借人员的服务技能及质量很难保证。

还有一种形式是酒店在内部招聘计时工。宴会部门提前将需要的外借计时工数量告知人力资源部,由后者将信息发布在员工通告栏。员工可以自愿报名的方式来参加宴会服务。相对来说,本酒店内员工的服务技能有一定基础并且有利于酒店集中培训,由于其对酒店情况比较熟悉,其服务质量也相对稳定。

无论采取何种用工方式,宴会前计算所需服务人员数量已经成为旺季越来越多的管理者要面对的一项工作了。通常,宴会部门会通过"宴会厅计时工需求分析表"(表4-2)来估量宴会部门所需的外借服务人员数量。

### 表4-2 宴会厅临时工需求分析表

| DATE 日期 | E/O NO. | FUCTION 场地 | NO. OF STAFF REQUIRED 所需服务人员数 | AVALIABLE STAFF 现有员工数 | | EXTRA STAFF NEEDED 需外借人数 | REMARK 要求 |
|---|---|---|---|---|---|---|---|
| | | | CAPTAIN 领班 | CAPTAIN 领班 | | | |
| | | | WAITER 服务人员 | WAITER 服务人员 | | | |
| | | | SUPERVISOR 主管 | SUPERVISOR 主管 | | | |

续表

| DATE<br>日期 | E/O NO. | FUCTION<br>场地 | NO. OF STAFF REQUIRED<br>所需服务人员数 | | AVALIABLE STAFF<br>现有员工数 | | EXTRA STAFF<br>NEEDED<br>需外借人数 | REMARK<br>要求 |
|---|---|---|---|---|---|---|---|---|
| | | | CAPTAIN<br>领班 | | CAPTAIN<br>领班 | | | |
| | | | WAITER<br>服务人员 | | WAITER<br>服务人员 | | | |
| | | | SUPERVISOR<br>主管 | | SUPERVISOR<br>主管 | | | |
| | | | CAPTAIN<br>领班 | | CAPTAIN<br>领班 | | | |
| | | | WAITER<br>服务人员 | | WAITER<br>服务人员 | | | |
| | | | SUPERVISOR<br>主管 | | SUPERVISOR<br>主管 | | | |

例：一场大型宴会的人员分工服务方案。

1. 宴会主管活动前的任务安排

(1)和主办方要员再次协调有关活动事宜。

(2)征询主办方与会客人入场路线或宴会流程的要求。

(3)征询是否有新增的特殊服务需要。如有，立即告知相关部门，即行政总厨、宴会厨师长、工程部、销售部、财务部（比如转账/支票/签房单等）。向宴会厨师长通报调整后的上菜时间和日程的指令。

(4)若服务信息有更改，与相关部门或人员协调，并给予客人及时的回复。

(5)告知付账程序。

(6)在班前会上下达指令，确保每位员工都知晓服务要求，包括计时工。

(7)核实餐桌分派和工作台的设置。

(8)精确备足员工，如：计时工、外援人员、其他部门支援人员等，委派管理计时人员的领班。

2. 宴会服务方案图

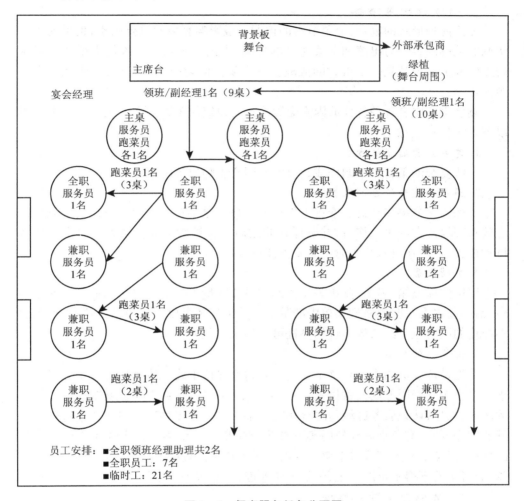

图 4-6　餐桌服务任务分配图

# 第二节　宴会现场督导服务与宴会结束工作统筹

## 一、宴会现场服务统筹

宴会进行时,统筹人员要在现场与服务人员一起,协调沟通各个环节的衔接工作。统筹人员要特别注意两点,一是掌握菜肴服务的节奏,二是掌握宴会现场情况。这两个因素是影响宴会进程的关键要素。

### （一）掌握出菜节奏

无论何种形式的宴会，上菜节奏的把握是最影响宴会的重要因素，也是前后台协调的关键内容。对出菜和上菜速度的控制，无论对现场服务人员来说还是对厨房工作人员来说都是一个很大的挑战。一次宴会活动中，厨房出菜应听从宴会厅专人指令。

宴会服务中有各种各样的因素会影响预先设定的服务方案。统筹人员需要对以下因素特别注意。

**1. 宴会菜肴的烹调方法**

一些复杂的菜肴由于制作或装盘的原因会影响出菜的速度。

**2. 厨房分菜和装盘的准备**

确保厨房分菜和装盘的准备工作充分。每一道菜肴所使用的餐盘要事先根据份数整齐放好在厨房工作台，并确保在此之后不会被厨师或传菜人员打乱顺序或挪动位置，这样在菜肴装盘时不需要再清点数量。

**3. 烹调设备**

厨房的保温箱、烤箱、蒸箱等设备的质量和数量也会影响出菜的速度。在宴会中，厨师会根据宴会规格把菜单中的某道菜肴事先装盘放入保温箱或蒸箱，使菜肴多样化的同时也节约了很多现场烹饪可能带来的风险。

**4. 传菜员的服务**

首先是传菜员的排序在整个宴会中要始终保持正确。传菜员的分工和任务要求也是影响宴会服务的关键因素。在客人未入场之前，传菜员必须知道自己传菜的区域、桌号，认识服务区域与之合作的上菜人员。在传菜过程中要严格遵守安排好的顺序，如果有急事需要暂时离开要告诉领班。在传菜过程中要始终保持预订的顺序，以免重复上菜或漏上菜。其次要避免传菜过程中的操作失误，例如发生摔盘，使得菜肴不得不重新加工，延长上菜速度，影响服务质量。

### （二）掌握宴会现场情况

发生宴会服务计划之外的事情对酒店来说，会使服务中不可控制的风险增大。但是影响整个宴会进程的包括宴会厅场地内的所有人员，例如演出人员、与会嘉宾等。因此统筹人员还要随时掌握与会嘉宾的情况，如嘉宾的演讲时间比预计时间缩短了还是超时了，演出的节奏与节目单拟定的时间相差多少。这些都会影响厨房以及前台服务的准备。此外，由于客人担心在节假日交通拥堵或晚宴结束时交通不便等原因，一些年会中颁奖或抽奖环节设置过早可能使宴会客人提前离场。

## 二、宴会清场工作统筹

### （一）签单结账

所有的宴会账单最好在现场核实后请客人马上签名,避免日后双方都对消费内容,如酒水数量、用餐人数等细节记忆不清。

最后一道菜点上席之后,宴会统筹人员要准备好清点客人消费的酒水饮料单、服务任务变更通知单等涉及宴会结账的所有单据,并记录详细清单,便于客人确认。需要特别提醒的是,在客人签字确认后,统筹人员要复印一份留存,避免账单丢失引起麻烦。

### （二）疏散引导

主人宣布宴会结束时,服务人员要帮助客人拉椅离座。但负责靠近主通道、副通道餐桌服务的人员要在客人起身离座后,迅速将座椅归回原位,保持通道的宽敞,以更快地疏散客流。这应该是宴会服务分工时的必要工作内容之一。

同时,服务人员要调亮场内灯光,打开宴会厅所有通道门,将自动扶梯、电梯打开,做好引导工作。此外,服务人员还要了解宴会结束后客人的去向。例如很多宴会客人可能离开酒店,也有部分客人可能需要指引到贵宾厅或前往会议区域参加会议。服务人员要熟悉与宴会客人相关的活动议程安排,为客人提供准确信息。

#### 1. 酒店车辆交通安排

酒店应该在宴会接近尾声时做好车辆安排计划,避免出现客人在门口长时间排队等车的现象。一般酒店都会与部分出租车公司建立联系,在宴会厅出租旺季可以通过出租车公司总调度来安排车辆。

此外,宴会结束时大批客人离开,势必对酒店门口的交通畅通带来一定的影响。统筹人员要事先了解与会客人的交通安排。例如,主办方是否安排大巴士接送?安排多少辆巴士在什么时间到达酒店门口?停放在什么位置?或者与会客人中多少人选择公共交通?私家车的比例是多少?掌握这些信息有助于宴会结束时安保部门对酒店门口抵达车辆、离店车辆进行安排,确保及时疏散宴会客人。

#### 2. 处理遗留物品

客人离场时除提醒客人带好随身物品外,服务人员应立即检查宴会厅是否有客人遗留物品。如发现有遗留物品应做好记录,如客人的桌号、席位卡姓名等,立即与主办方工作人员或宴会活动统筹人员联系,若无法在短时间内交给客人,应按照操作流程交给酒店负责部门。

如当天有多场宴会同时进行或宴会客人消费区域比较分散,遗留物品的登记一定要详细,以方便日后查询。一些标准或规格较高的宴会,可能给客人发放信件或讲话稿,对客人遗留的这类资料要注意分类保管,要在征得主办方的意见后再进行处理,不能在宴会结束后擅自处理。

**3.领取衣帽**

宴会结束之前,衣帽寄存处的服务人员应做好准备工作,按顺序理好客人寄存物品,使客人离场时可以快速准确领取衣物,避免出现大型宴会散场后,客人排队领取衣帽等候时间过长的现象。

**4.场地清洁整理**

待客人全部离开后,服务人员应按照分工清洁宴会场地。在清洁整理之前要关闭部分强照明灯光和装饰灯,以降低能耗。

(1)布草整理。宴会结束后,要先检查脏布草中是否有碎物、食品或银器。宴会中使用的口布和桌布均需要分类并整齐放好,放入布草车内,至洗衣房清点。

(2)餐具清洁。对于主桌上的贵重器皿,应该由专人负责,宴会结束后清点记录,以防丢失。

大型宴会结束后,碗筷和玻璃器皿的清洗耗时长、工作量特别大。以2000人的中式宴会为例,整场清洁工作需要配备50人,餐具和玻璃器皿清洗一般需要持续4~5小时。最好能够制定明确的清洁安排表以保证每次宴会结束后都有一个安全卫生的场地。宴会的清洁表包括的内容主要有:一份需要清洁的区域列表;计划清扫的时间,具体负责清扫人员和班次安排;如何清洁的具体说明;一张检查或记录清单,以确保宴会使用区域已经全部清扫过。

宴会结束的清扫工作是确保宴会厅能够适时出售的必要条件,好的清洁卫生是节约资金、节省时间、确保食物质量和改进服务质量的手段。

(3)场地搭建及桌椅整理。宴会场地的清洁状况还应该包括场地内的背景板是否拆除或何时拆除;主管人员还应该了解下一次宴会的时间以及台型摆放形式,本次宴会所用的桌椅如何再次利用等,以方便下一班次的员工做服务准备。

如果会场不是马上出租,那么每次宴会结束后都应该将桌椅整齐放入仓库。即便不需要立即入库,也要把桌椅整齐地堆放在场地的一角,并清洁地面、墙面。总之,要保持宴会厅整洁,方便统筹人员随时带客人查看场地。

## 三、宴会档案信息内容与管理

一般来说,传统的客户资料收集手段主要有客户访问、市场调查以及委托专业机构等。很多的连锁集团酒店也会借助网络共享一些客户资源。随着网络科技对人们生活方式的改变,酒店客户资料的收集与整理也增加了多种途径和手段,同时网络也提高了整理和利用客户资料的速度和效率。

### (一)宴会客史档案信息内容

**1.客户资料内容**

每家酒店所面对的目标市场不同,其客户的构成状况也存在差异。一般来说,宴会客史档案的信息应该包括以下几方面：

（1）客户的基本资料。具体包括客户的姓名、民族、国别、机构或公司名称、通信地址、消费次数以及消费金额等。若还能够得到客户的出生年月、纪念日等信息，则酒店可以有针对性地通过各种方式关心和拜访客户，以更好地维护彼此的关系。

（2）客户对宴会活动的意见或建议。客户对宴会活动的评价不仅决定着其重复购买程度和对宴会产品消费的忠诚度，同时也是对统筹人员销售的建议和参考，便于以更适合客户的方式与其沟通并设计更符合客户期望值的产品。

（3）客户的交易状况。客户的交易状况是对客户信用评估的一个重要参考依据。其内容应该包括客户企业状况、企业声誉及形象以及具体的付款信用情况等。

**2. 宴会服务过程及酒店评估**

宴会档案记录的内容不仅仅应该包括宴会主办方的相关信息，也应该包括酒店策划、统筹以及服务宴会活动的过程记录。只有囊括了客人信息与酒店服务信息的宴会档案才是一份有质量的档案。

此外，每一次宴会活动都是酒店各个部门通力配合的结果，也是酒店管理与服务水准的体现。活动的主题、特点以及统筹人员策划的过程与经过都是不可多得的经验。客史档案的内容不应该仅仅包括宴会预订的资料、宴会活动计划过程、执行过程，更为重要的还应该有宴会活动评估和总结。当宴会结束时，统筹人员应该在记忆犹新的时候思考：策划活动的哪一个环节突出了主题？哪一个服务应该计划或安排得更详细？哪些服务项目是酒店暂时无法提供而客人又经常需要的？所有的这些问题都有利于统筹人员今后的策划活动。

**3. 对合作伙伴表示感谢**

很多酒店的统筹人员都会忽略这一环节。在每一次活动策划中都可能有新加入酒店的供应商或合作伙伴，他们或者在宴会场地的装饰上为主办方解决了棘手的问题，或者为统筹人员提供了信息渠道等。总之，每一次活动都是彼此信赖合作的结果，因此统筹人员最好在恰当的时候对合作伙伴表示感谢，这会给客户留下非常好的印象，给不确定的下一次合作打下良好的基础。

要注意选择正确的表示感谢的时间，应该在活动结束后的一周内寄出感谢信或小纪念品，因为那时客户与统筹人员都对活动记忆犹新。注意感谢的内容要具体，让客户感觉到你是用心对待整个活动过程；同时切忌使用同一形式的感谢信，不然感谢信的意义就荡然无存了。

**（二）客史档案管理**

对客户资料进行收集管理的目的是为了更好地在营销过程中有针对性地运用。餐饮企业经营服务的最终目的是获取利润，客史档案为企业评估客户的消费状况提供了最为有效的信息。

### 1. 衡量客户价值

销售人员要从所获得的客户信息中找出重点客户,即能够为企业带来更多价值和利润并且对宴会消费有一定忠诚度的客户。这是客户档案管理最为关键的部分。从餐饮管理的角度出发,筛选重点客户能够将个性化的服务增加到客户的下一次消费体验中,从而提高客户对企业的满意度。

### 2. 指导宴会统筹服务

客史档案实际上是酒店收集、运用、传递信息的过程。从酒店管理的角度看,客史档案除为宴会部门的销售、公关提供资料之外,也为培训提供了既真实可信又十分具有针对性的案例材料。

此外,客史档案可以为宴会部门产品设计提供诸多参考依据。市场经济体制下,信息的竞争成为酒店制胜的重要影响因素。同时,一些大型宴会活动,尤其是国宴活动结束后,酒店会组织各个部门召开专门的总结会议,撰写评估和总结报告。这类客史档案不仅仅是酒店整理、保存的文件,同时也是历史的记载,是酒店文化建设以及文化财产的一部分。

总之,宴会结束的档案记录是信息反馈、收集、共享的过程,是宴会服务中的重要组成部分。认真总结和评估,对工作质量的提高都有帮助。重视客史档案的整理并发挥其应有的影响力将有助于宴会部门销售和服务工作质量的提升,帮助酒店在激烈市场竞争中维护和开发客源,为企业开拓新市场提供资料。

## 四、宴会中的衣帽寄存服务

衣帽寄存服务是大型宴会服务中必不可少的服务内容。小型宴会可以在宴会厅的一角放置移动的衣帽车,供客人自取。大型宴会应设立专门的衣帽寄存处。宴会场地的设计中应考虑预留衣帽寄存服务区域。若场地设计时未考虑预留专门的衣帽寄存处,可以考虑利用宴会厅相邻的场地在宴会厅门厅处搭建临时寄存处。

衣帽寄存的原则一是不要安排在可能会妨碍会议结束后客人离场的通道上,二是提醒客人贵重物品寄存在酒店的保险柜内。

### 1. 准备工作

首先要根据与会嘉宾的人数准备适量的衣帽车、衣帽架、衣帽牌。将已经编号的衣帽牌一式两联准备好。客人寄存衣帽时,将其中的一联撕下交给客人,另一联与寄存物品一起挂在衣帽车上。

### 2. 取衣帽

客人领取衣物时,要仔细核对号码,找到衣帽并与客人确认无误后,将客人手中衣帽牌取回,将寄存物品交还客人。若客人寄存是大衣、外套,在递取衣物时要格外小心,一手提住衣领,另一手托住衣物的下半部分,防止口袋内的物品滑落。

### 3. 服务注意事项

首先客人存放的衣帽等物品一定要挂牢,牌子放在显眼处,便于核对,同时寄存衣帽时应该从最里面的衣帽车开始挂衣物,避免来回走动碰掉外面衣架上的衣物,造成过头。

若衣帽掉落,号码牌遗失,不可凭感觉或想象随意悬挂,应放在一旁,记住大概位置及周围号码,待客人取衣帽时,仔细核对。若客人的衣帽牌丢失,服务人员不要急于按客人所描述的衣物归还,应该尽量安慰客人,待与会客人寄存物大致取完后,确认是客人物品并请其留下姓名、地址等详细信息方能取走。

# 第三节　婚宴与商务宴会统筹服务要点

## 一、婚宴策划与现场服务要求

### (一)婚宴的消费特点

婚宴的策划与服务必须在了解婚宴消费特点的基础上才能有的放矢。婚宴,是婚礼当天新人为了答谢宾客而举办的隆重宴会。随着社会物质生活水平的提高以及人们对消费的不同理解,婚宴的消费越来越追求形式的多样化和自我个性的体现。以上海地区为例,从酒店承办婚宴的数量和消费规格标准以及预订情况看,婚宴市场正在蓬勃发展,且需求旺盛。婚宴市场也成为酒店关注的焦点。

酒店承办婚宴的效益显而易见,除了经济效益,婚宴还有助于扩大酒店的知名度,增强竞争力。婚宴的消费与酒店其他餐饮消费相比,有其独特性。主要表现在以下几个方面。

### 1. 消费时间相对集中,情感性需求较高

新人选择酒店举办婚宴,消费的不仅仅是物质享受或者说是硬件设施的豪华,更重要的是酒店所提供的消费文化,即氛围、档次、意义等。新人对婚宴产品的情感性价值和社会价值的重视超过了其对物质价值的追求。对新人来说,首先,婚宴消费是遵从仪式习俗的需要。婚宴是一种仪式消费,新人通过举办婚礼向人们表明其婚姻的合法性,同时感谢嘉宾对婚礼的见证和祝福。其次,婚宴消费也是一种身份认同。新人通过举办婚礼这一仪式,可以展示自己的身份地位和个人形象;同时也借助婚礼来重新整合人际关系,表达对某一群体的归属愿望等。

### 2. 以家庭消费为核心

新人在酒店的婚宴消费是各种社会因素综合作用的结果,这其中包括了个人的消费理念、家庭和相关群体的消费趋向以及网络媒体对婚宴消费的引导与宣传、

传统的习俗等。但在决定新人的婚宴消费行为中,家庭是最具影响力的因素。家庭不仅在观念上影响着新人的消费决策,还为新人提供婚宴消费的经济来源和其他各种支持。婚宴更多地表现为以家庭为核心的消费行为。

掌握了婚宴消费的社会意义,策划人员对酒店婚礼销售应该考虑的因素就有了更为全面的了解。掌握婚宴的影响因素以及其行为所代表的意义,更加有益于酒店对目标市场的深入探究和详细划分。

**(二)婚宴菜单设计要求**

**1. 婚宴菜单原料与命名**

婚宴菜单是人们在举行婚礼时宴请前来祝贺的亲朋好友举办宴会所采用的菜单,因此婚宴的菜单应该根据不同的地方风俗和饮食习惯来设计和制定菜肴的品种和数量。俗话说"十里不同风,百里不同俗"。风俗不同,对婚礼的设计和要求也各异。但总体来说,传统的婚宴讲究菜式丰富,数量充足,从某种意义上希望吃剩有余。而简约式或中西合璧式的婚宴则希望菜点随意组合,新人希望对菜肴的搭配有更多的自主选择,更注重婚礼过程的享受。

婚宴的菜单应该突出喜庆的氛围,因此菜单的原料和命名上都有约定俗成的规定。例如,菜肴原料中应该有红枣、莲子、百合等,寓意"早生贵子"、"百年好合";而菜名中也多有"鸳鸯鲑鱼"、"比翼双飞"等。婚宴的菜单讲究吉利、祝福、祝愿等寓意。

**2. 婚宴菜单样本**

很多酒店给不同规格和标准的婚宴菜单命名,其套餐菜单命名也能够体现人们对婚姻的美好向往。例如,很多酒店有"永结同心宴"、"百年好合宴"、"花好月圆宴"等。

(1)例如,一家酒店的"永结同心"宴会菜单为:

一彩拼:游龙戏凤(象生冷盘)。

四围碟:天女散花(水果花卉切雕)、月老献果(干果蜜脯造型)、三星高照(荤料什锦)、四喜临门(素料什锦)。

十热菜:鸾凤和鸣(琵琶鸭掌)、麒麟送子(麒麟鳜鱼)、前世姻缘(三丝蛋卷)、珠联璧合(虾丸青豆)、西窗剪烛(火腿瓜盅)、东床快婿(冬笋烧肉)、比翼双飞(香酥鹌鹑)、枝结连理(串烤羊肉)、美人浣纱(开水白菜)、玉郎耕耘(玉米甜羹)。

一座汤:山盟海誓(大全家福)。

二点心:五子献寿(豆沙糖包)、四女奉亲(四色豆皮)。

二果品:榴开百子(胭脂红石榴)、火爆金钱(良乡炒板栗)。

二茶食:元宝开花(糖水泡蛋)、大展宏图(祁门红茶)。

（2）婚宴菜单样本。

| 比翼双飞宴(4888 元/桌) | 天赐良缘宴(3888 元/桌) |
|---|---|
| 鸿运十冷碟 | 鸿运十冷碟 |
| 砂锅鸡煲翅 | 鲍参翅肚羹 |
| 芝士焗大龙虾 | 黄油焗龙虾 |
| XO 酱花枝片 | 炭烤雪花牛肋骨 |
| 港式片皮鸭 | 灌汤虾蟹球 |
| 农家糯米肉 | 港式片皮鸭 |
| 泰式谷香蟹 | 泰式谷香蟹 |
| 豉汁蒸鲍鱼 | 红焖圆蹄 |
| 清蒸东星斑 | 清蒸大青斑 |
| 上汤时蔬 | 上汤时蔬 |
| 椰汁雪蛤木瓜(每人一份) | 酒酿圆子羹 |
| 美点双辉及水果拼盘 | 美点双辉及水果拼盘 |
| 备注：1. 以上价格为 2012 年上海地区三星级酒店的婚宴价格；<br>　　　2. 以上婚宴菜单供 10 人享用。 | |

**3. 婚宴现场服务要求**

（1）酒店宴会厅为婚礼庆典提供的服务项目。通常酒店的婚宴宣传单上不仅仅有不同套餐价格供客人选择，对于婚礼仪式所需要的一些基本的服务也会给予优惠。

以下是一家酒店为婚宴客人提供的免费服务项目：

①提供新娘化妆室一间；

②提供宴会厅喜庆红毯一条；

③提供三层香槟塔一组配香槟一瓶；

④提供免费 5 辆轿车 8 小时免费泊车；

⑤提供基础音响一套及话筒两只；

⑥提供移动指示牌两个；

⑦赠送签到本一本、签到笔一支；

⑧提供主桌喜庆布置及席位卡；

⑨消费3万元以上(含3万元)赠送3层婚庆蛋糕一个及婚房一间(大床房)。

(2)婚宴的台型摆放。规模较小的婚礼,可以安排一个主桌;而婚礼规模较大时,安排两个主桌显得相对隆重。通常将主桌安排在靠近舞台、通道两侧的位置,这样平衡对称的布局能够突出贵宾席的地位,同时两个主桌之间也相对平行,给人一种和谐之感。当参加宴会的客人中有很多儿童的时候,较好的做法是将带儿童的宾客安排在宴会厅相对集中的区域,这样不但可以让孩子们一起玩耍,也不会打扰到其他宾客,而且还方便为儿童配送适合的菜色与饮食。在长达数小时的婚宴中,顽皮的小朋友们不会一直乖乖待在席位上,需要频频进出洗手间或宴会厅户外空间,因此有小孩子的席位应尽量临近出口,既方便进出,也不会影响到婚礼的进行。如果会场或酒店能够提供小型的儿童游乐设施,也可将一些席位安排在设施附近,方便家长监护自己正在玩耍的孩子。

(3)婚宴结账服务特点。参加婚宴的客人来自社会各个层面,有新人的家人、亲戚、朋友,也有亲人的同事、同学。很多时候,参加婚礼的客人通常由新郎和新娘分别邀请,即使参加同一场宴会,与会客人彼此也不甚熟悉,甚至从未谋面。婚礼,从某种意义上说是男方与女方的亲人朋友建立情感联络的机会。婚宴的过程中新人通常邀请家人或亲戚朋友来帮助招待客人,最容易产生矛盾的环节是结账服务。首先,在婚宴开始前,宴会服务人员就要确认好结账人选。其次,在客人到达后,酒水菜肴服务还没有开始之前应确认开席的桌数。在婚宴的过程中,对客人提出的涉及收费的服务要求,宴会负责人最好能够与婚宴结账人员一起出面协调解决,避免最后结账的时候产生纠纷。总之,由于婚宴的出席人员比较庞杂,对结账服务的确认和要求要事先做好安排和协调。

其次,由于中式婚礼习俗的特点,亲朋在接受祝福的时候会送上现金"红包",因此婚宴结账时候大部分都是现金结算,既降低了新人携带大量现金的风险,也节约了酒店工作人员的时间和精力。

## 二、商务宴会策划与服务要求

### (一)商务宴会的菜单特点

商务宴请在酒店的宴会经营中占据了较大的营收比重。商务宴请是各类企业和机构为了一定的商务目的而举办的宴会。宴会的主题或是为了巩固业务联系,或是为了交流商业信息,或是为了扩大与宣传企业的影响力和知名度。总而言之,商务宴会的总体设计要求庄重、典雅,体现公司的企业文化或合作双方的意图。

商务宴会的菜单设计要求相比婚宴更高,尤其是主办方更加希望在宴会服务以及宴会的流程设计上体现自己合作的诚意或对对方的身份、地位的尊敬等。

**（二）商务宴会菜单样本**

一般规格较高的商务宴请都是每人每份的服务方式，并根据商务宴请的时间安排严格控制菜肴的数量和出菜时间。

以下为正式商务宴会菜单样本，连水果、点心共计七道菜肴。

（1）百花齐放（用烤鸭、芦笋、肝、蛋白、红黑鱼子拼成一只百花齐放的冷盆）。

（2）鸡汁鲍片（用高汤、鲍鱼片、竹荪、菜心制成汤菜）。

（3）碧绿虾片（用明虾、荷兰芹、柠檬烤制而成）。

（4）茄汁牛排（牛排用番茄沙司等调味烹制成熟，另加荷兰豆、薯条加热成熟后点缀而成）。

（5）满园春色（用黄瓜、白萝卜、南瓜、茭白、橄榄菜等时蔬制成）。

（6）中式美点（由萝卜丝酥饼、素菜包、翡翠水晶饼拼成）。

（7）硕果满堂（由西瓜、杧果、木瓜、猕猴桃组成）。

**（三）商务宴会现场服务安排**

作为很多酒店的主要目标市场，商务宴会在服务流程和标准上通常有比婚宴更加详细的操作规范。总体来说，商务宴会的现场服务有两个重要方面，一是宴会过程中的酒水服务；二是商务宴会对出菜时间有严格的控制。若宴请过程中有"出菜秀"，则要对"出菜秀"的相关服务内容和效果事先进行彩排。

**1. 斟酒服务**

（1）斟酒的时间。大型商务宴会中所使用的酒水饮料品牌及品种都是客人事先定好的。在宴会开始前，值台服务人员及区域经理要检查每一桌上的酒水数量，确保与客人的预订相符。

小型商务宴会一般不事先斟酒，待入座后逐一征询客人意见，选好酒后再斟倒。斟酒的顺序为第一主宾、主人、第二主宾，然后按照顺时针方向斟倒。有时候在服务中为照顾到宾客，开始斟酒时可以安排两位服务人员同时服务，一位从主宾开始，一位从副主人的右侧开始，顺时针斟倒。在为客人斟酒时要向客人示意。

大型宴会一般在客人入场前 5 ~ 10 分钟事先将酒斟好，尤其是在客人选用红葡萄酒时，建议在宴会开始前为客人斟倒，在使葡萄酒的香气散发出来的同时，也可以渲染现场气氛，为宴会开始的祝酒做好准备。大型宴会中的软饮料待客人入座后再服务。

（2）斟酒注意事项。宴会服务中，软饮料斟至四分之三杯为宜，而红葡萄酒斟至三分之一为好；若客人选用中国白酒或其他烈性酒，则斟至酒杯的八分满较为恰当，要视具体宴会中选用的酒杯而定。要注意酒瓶不可拿得过高，瓶口不能碰触杯口，斟倒啤酒时尤其要注意，避免酒水或者泡沫外溢。服务人员在服务过程中还要注意瓶内酒液的量,酒瓶越满,酒液流出的速度越快,服务时要掌握好酒瓶的倾斜度和斟酒的速度。

宴会开始或宴会过程中有嘉宾致祝酒词或讲话时,服务人员要停止服务,站在适当位置,避免站在主通道或挡住镜头的位置,不可以交头接耳。熟悉宴会的流程对斟酒服务非常重要,在嘉宾建议举杯之前要确保每位客人杯中都有酒水。同时,在宴会服务中非常重要的一点是,在嘉宾致辞结束时要准备好一杯酒,供祝酒用。

宴会进行中,若客人离桌敬酒时,服务人员要及时跟随客人续酒,同时随时注意每位客人所需要的酒水饮料,见到杯中酒水只剩少许时,应及时征询客人意见续斟。

**2. 商务宴会中的"出菜秀"**

越来越多的公司希望借助宴会这一机会向客户推出其新产品或展示其企业文化内涵,与酒店工作人员合作制造一个让客人难忘的用餐体验。而公司文化或产品与酒店产品的结合通常需要设计一个"仪式"或"出菜秀"来体现。有很多的企业会邀请专业的设计公司来设计宴会的"出菜秀"。

"出菜秀"设计多种多样,设计方案可以来自多方面的配合。例如,可以通过服务人员帮助营造出一个浪漫的效果,也可以通过改变现场的灯光色彩或开启背景音乐在宴会用餐中制造完全不同的体验,还可以充分利用宴会厅场地的硬件设施带给与会嘉宾惊喜。

# 第四节　国宴服务

## 一、国宴特点与服务接待要求

### (一)国宴特点

国宴是公务宴请的最高规格,指有国家领导人参加的最高规格的宴会,特点是规格高、影响大,安全保卫工作严格,服务要求万无一失。通常是一国元首或政要为国家重大庆典,到访的外国元首、政府首脑举办的正式宴席。国宴也可以是为国内重大活动、迎新辞旧邀请各界人士共同欢庆而举办的正式宴席。

国宴礼仪最为隆重,程序要求最为严格。国宴从环境布置、宴席间的节目选择、服务人员的着装与素养等方面都要突出本国的民族特色,营造热烈、庄严的气氛;同时又要考虑宾客的宗教信仰和风俗习惯。

举办国宴的宴会厅要悬挂国旗,双方元首或政要通常在席间发表祝酒词。

国宴的时间通常在 50~75 分钟,菜单在宴会开始前要经相关部门审批备案;服务方式为每人每份;所使用的材料、物品等与宴会相关的器皿不得随意更改。

### (二)国宴的服务接待要求

国宴的筹备期一般都比较长,对场地的选择也有各项严格的条件。通常要选择有较高接待能力、制度严格、管理水平高、管理团队有良好执行力的酒店。

对酒店来说，服务一次国宴是对酒店整体接待能力和配合能力的考验，通常要根据预案的要求成立酒店的临时工作小组和指挥中心。

国宴中服务人员的安排是关键因素。宴会准备阶段不仅仅要对人员进行严格的挑选和全方位的培训，同时还要经历数次的模拟彩排和演练，确保每个岗位的员工都熟悉服务预案中的流程。同时，为确保安全，参与服务的员工按照不同的范围区域，分为核心区、周边区、一般区和后台人员四种。

核心区域的人员是指在国宴中为元首直接服务的工作人员，其心理素质、业务素质和反应、灵活机动性要好，通常国宴的主桌由部门经理或总监直接服务指挥。

周边区工作人员是指在主桌以外的服务人员，通常都是经验丰富的业务骨干，需要对整场宴会的流程非常熟悉。周边区域服务人员不仅仅包括宴会中非主桌的服务人员，还应该包括现场工程、技术保障的人员。

一般区域工作人员是指宴会场地之外的人员，与会嘉宾在酒店必经之路上各个岗位的人员。后台人员主要指其他办工区域的人员，如行政办公室、销售部等，由于在国宴期间对外接待任务较少，应力求将这些部门的人员在宴会期间精简到最少。

## 二、国宴服务案例介绍

### （一）开国第一宴

1949 年 10 月 1 日，在首都北京的天安门广场举行了隆重的开国大典。当晚，在北京饭店举办了新中国成立后的第一次盛大国宴。"开国第一宴"的菜单以淮扬菜为主，包括 7 个冷菜（其中 4 荤 3 素），6 个热菜（其中 4 荤 2 素），1 个汤，甜食为八宝饭。

此宴会的成功举行为我国的国宴定下了基调：1 组冷菜，6 菜 1 汤，3 种点心，1 份主食加一份水果，口味以南北适宜的淮扬菜为主，根据出席的嘉宾对象不同进行适当调整。现在，国家进行了礼宾改革，国宴的菜单基本定为 1 组冷菜，4 菜 1 汤，2 种中式点心，1 种西式点心，主食和水果各一份。一般国宴的时间也控制在 1 个小时以内。

### （二）APEC 国宴

APEC 会议（Asian – Pacific Economic Cooperation）是亚太地区最大的区域性经济组织和政府间的合作论坛。中国加入 APEC 是在 1991 年 11 月。2001 年亚太经合组织会议在上海召开，上海国际会议中心为主要会议场馆，上海科技馆为 APEC 领导人宣誓的场馆，上海东方明珠电视塔新闻中心为中外记者注册、新闻制作和发送场馆。以下为 APEC 晚宴接待相关方案。

**1. APEC 国宴的相关要求**

2001 年 10 月下旬，有 11 国领导人参加的亚太经合组织国际峰会（简称

APEC)在上海国际会议中心举办。会议组织方委托中国政府 10 月 20 日举办欢迎晚宴,并提出下列要求:

(1)晚宴时间控制在 1 小时 20 分钟内,宴会开始前 10 分钟安排迎宾舞蹈,晚宴结束前 10 分钟为客人用咖啡时间,中间 1 小时有不间断的演出,要在节目的转换期间出菜,避免影响观赏。

(2)宴会包括冷菜、水果共计 7 道菜,冷菜要在客人进场前 20 分钟全部上桌;在宴会结束前 10 分钟,110 桌只能用 5 分钟的时间上咖啡。

针对以上的这两个重要条件,上海国际会议中心以餐饮部门、会议部门为主同其他相关部门一起进行了三次实战演练,做到厨房供应、做菜服务、餐具杯盘、值台接待"四个到位",并配合彩排音乐和时间进行全程模拟。

**2. APEC 国宴菜单**

表 4 - 3　APEC 国宴菜单

| 菜单 | 原料内容 | 操作方法 | 口味特点 |
|---|---|---|---|
| 迎宾冷盘 | 鹅肝、红鱼子、芦笋、烤鸭 | — | — |
| 鸡汁松茸 | 松蓉、竹笙、小菜胆、鸡汤 | 炖 | 咸鲜、清香 |
| 青柠明虾 | 对虾、青柠檬、南瓜、土豆泥 | 烙 | |
| 中式牛排 | 牛腓利、地瓜、荷兰豆 | 煎、烧 | 微甜 |
| 荷花时蔬 | 橄榄菜、茭白 | 炒 | 咸鲜 |
| 申城美点 | 蔬菜包、萝卜酥、豆泥包 | 蒸、烤、炸 | 酥、甜、咸 |
| 硕果满堂 | 木瓜、猕猴桃、杧果、西瓜 | 拼盘在艺术冰雕的冰盘中 | |

表 4 - 4　APEC 会议国宴、文艺演出流程

| | |
|---|---|
| 18:30 ~ 19:23 | 背景音乐 |
| 19:20 | 男司仪宣布注意事项 |
| 19:24 | 男司仪宣布:欢迎主宾入场 |
| 19:28 | 主宾全部入座(服务员询问饮料品种并赴服务台取饮料) |
| 19:30 | 领导入座后迎宾音乐变成喜庆音乐。灯光渐暗,在灯光变化中欣赏牡丹花背景 |
| 19:31 | 音乐渐弱,女司仪说开场白;旁白结束后,指挥起棒 |
| 19:32 | 《好一朵茉莉花》 |
| 19:35 | 小朋友献花 |
| 19:36:30 | 第一道菜"迎宾冷盘"(服务员同时拆口布花,打开银盖) |
| 19:38 | 21 个经济体著名音乐联奏《太平洋美丽的风》 |
| 19:47 | 第二道菜"鸡汁松茸"上桌 |
| 19:50:30 | 舞蹈《踏歌》 |
| 19:54 ~ 19:55 | 上海交响乐团伴宴 |

续表

| 19:55 | 民乐三女杰《丝竹乐韵》 |
|---|---|
| 19:59~20:02 | 上海民族乐团伴宴,第三道菜"青柠明虾"上桌 |
| 20:02 | 女声独唱《我爱你,塞北的雪》 |
| 20:05 | 上海民乐伴宴 |
| 20:06 | 杂技《快乐的男孩》 |
| 20:11~20:14 | 上海民族乐团伴宴,第四道菜"中式牛排"上桌 |
| 20:14 | 独舞《雀之灵》 |
| 20:19 | 上海民族乐团伴宴 |
| 20:20 | 《缤纷戏曲》 |
| 20:25~20:27 | 上海民族乐团伴宴,第五道菜"荷花时蔬"上桌 |
| 20:27 | 技巧芭蕾《东方的天鹅》 |
| 20:32 | 上海民族乐团伴宴,点心"申城美点"上桌 |
| 20:34 | 男中音独唱《快给忙人让路》 |
| 20:39~20:41 | 上海民族乐团伴宴,水果"硕果满堂"上桌 |
| 20:41 | 少儿舞蹈《中国风》 |
| 20:47~20:50 | 上海民族乐团伴宴,咖啡、茶上桌 |
| 20:50 | 尾声《友谊天长地久》 |
| 20:58 | 领导人退场 |

**表4-5 APEC会议时任领导人饮食禁忌一览表**

| | 新加坡总理 | 鸭、鹅和墨鱼 |
|---|---|---|
| | 新加坡总理夫人 | 奶制品、烟味 |
| | 菲律宾总统 | 高脂肪食品、鳄梨、鸭、鹅及动物内脏 |
| | 新西兰总理 | 对烟敏感 |
| | 墨西哥总统 | 高胆固醇、高脂食品 |
| | 韩国总统 | 三文鱼 |
| 领导人 | 韩国总统夫人 | 杧果 |
| | 印度尼西亚总统 | 牛肉、羊肉、猪肉 |
| | 马来西亚总理 | 油腻食品、鱼、鹌鹑蛋、小羊肉、猕猴桃、忌吸烟 |
| | 马来西亚总理夫人 | 鱿鱼、墨鱼 |
| | 泰国总理 | 牛肉 |
| | 泰国总理夫人 | 高脂肪食品、油腻食物 |

续表

| | | |
|---|---|---|
| 部长 | 美国贸易谈判代表佐利克 | 花生,豆类食品,类似豆腐、豆油、花生油等豆制品 |
| | 泰国商业部长 | 牛肉 |
| | 马来西亚商业部长 | 小羊肉、鸭、海参 |
| | 澳大利亚贸易部长 | 贝类食品 |

### （三）非洲开发银行会议宴会

2007 年 5 月,上海国际会议中心承接了非洲开发银行峰会 1200 人的宴会。整场宴会在 4000 平方米的无柱大厅举行,共计 120 桌,其中主桌、附桌共 12 桌,其余 108 桌为普通桌。此次宴会共使用值台首席服务员 125 人,传菜服务人员 63 名。

## 三、国宴菜单

（1）1972 年 2 月美国总统尼克松来访,在人民大会堂举办的宴会菜单如下:

| | |
|---|---|
| 冷盘 | 黄瓜西红柿、盐水鸡、素火腿、酥鲫鱼、菠萝鸭片、广东腊肉、腊鸡、腊肠、三色蛋 |
| 汤 | 芙蓉竹笋汤 |
| 热菜 | 三丝鱼翅、两吃大虾、草菇盖菜、椰子蒸鸡 |
| 甜点 | 杏仁酪、豌豆黄、炸春卷、梅花饺、炸年糕、面包、什锦炒饭 |

（2）1986 年 10 月英国女王伊丽莎白二世来访,在钓鱼台国宾馆举办的国宴菜单如下:

| | |
|---|---|
| 冷盘 | 水晶虾冻、菠萝烤鸭、白斩鸡、如意鱼卷、腐衣卷菜、梳子黄瓜、四样小菜 |
| 热菜 | 茉莉鸡糕汤、佛跳墙、小笼两样、龙须四素、清蒸鳜鱼、桂圆杏仁茶 |
| 点心 | 鲜豌豆糕、鸡丝春卷、炸麻团、四喜蒸饺、黄油、面包、米饭 |

（3）1999 年世界财富论坛宴会菜单。

由美国财富杂志主办的"1999 年世界财富论坛年会"暨世界 500 强会议于 1999 年在上海举行,上海锦江集团承办了这次宴会。精心构思宴席菜单命名,意境深远、妙趣横生。菜单里面含有一首藏头诗:风传萧寺香(佛跳墙)、云腾双蟠龙(炸明虾)、际天紫气来(烧牛排)、会府年年余(烙鲟鱼)、财用满园春(美点笼)、富岁积珠翠(西米露)、鞠躬庆联袂(冰鲜果)。前4个菜和2道点心的第1个字连在一起,便是"风云际会财富",最后一道水果的名字,则是酒店全体工作人员向来宾致意,庆祝会议隆重召开。

**案例分享**

某酒店第一次承接千人以上的宴会,为开张以来的首次接待。酒店全体员工都尽心尽职准备,几经斟酌,准备了品种丰富的菜单,具体包括:海鲜色拉冷盘、彩绘三丝鱼翅、清炒水晶虾仁、中式煎牛排、白果生炒澳带、清蒸章子鲑鱼、生焗绿叶蔬菜、葱油家乡薄饼、桂花酒酿圆子、合盘时令水果。

宴会于20:00开始,23:00结束。陆续有客人投诉称晚宴的食品卫生有问题,到次日天亮,酒店接到的因宴会饮食引起不适的投诉已经超过10例。经调查,引起事故的原因可能有两个方面:一是由于空调系统是新启用的,管道中的垃圾掉进食物;二是食品在操作的过程中出现了变质。

一位当事客人反映,第一道海鲜色拉在上桌时,色拉酱已经起泡。该客人提醒同桌的客人不能食用,并找到餐饮部门的负责人,称天气炎热时举办大规模宴会选择海鲜色拉不合适,餐饮部门以为只是个别现象,只是将客人的那一份色拉撤走,并未引起重视。

经调查,厨师在做海鲜色拉时,未按照要求采取冷却措施,且忘记戴口罩。从菜单上分析,大部分菜肴属于热菜,变质的可能性极小。由此看来,海鲜色拉中的奶制品导致食品中毒的可能性较大。宴会迟到的客人没有吃到含有奶制品的海鲜色拉冷盘,没有任何不适。可以断定海鲜色拉是致毒源头。

(资料来源:王济明.会议型饭店精细化管理.北京:中国旅游出版社,2009.)

思考:从本案例中,可以得到深刻的教训。首先,你认为在季节炎热时举办宴会,对食品的加工如何加强监管? 其次,你认为大规模的宴会菜单在设计时要考虑哪些因素?

 **思考与练习**

1. 中式宴会台型摆放通常有哪几种形式?
2. 你了解的宴会中的"出菜秀"有哪些形式?
3. 商务宴会服务与婚宴服务主要有哪些不同之处?
4. 宴会中的衣帽寄存服务的程序及注意事项有哪些?
5. 了解你所在地区的婚宴消费特点。

6.宴会客史档案应该收录哪些内容？客史档案对宴会经营活动的影响有哪些？

7.你认为在现场服务中,有哪几种因素会影响宴会的出菜节奏？

8.宴会开始前的人员安排都包括了哪几方面的内容？你能够根据一份虚拟的宴会订单制订合理的分工计划吗？

# 第五章

# 西式宴会筹划与服务

　　本章主要介绍西餐主题宴会、鸡尾酒会、自助餐会三种主要的西餐宴会形式。西餐宴会在使用餐具、菜单选择以及对客服务方式上与中式宴会有较大区别。

　　本章在详细介绍西餐宴会菜单及服务方法的基础上,还比较了法式服务、俄式服务以及美式服务方式的优势劣势。

　　形式灵活的鸡尾酒会和自助餐会所营造的用餐氛围与西餐主题宴会氛围有很大不同。本章详细介绍了鸡尾酒会与自助餐会的菜单要求、服务要求以及现场督导统筹的要点。

**学习目标**

● 能够根据虚拟的客户要求策划酒会设计与服务。
● 能够根据虚拟的客户要求策划自助餐会设计与服务。
● 知晓西餐主题宴会设计与安排要点。
● 能够根据不同的西餐宴会制订具体服务方案。

## 第一节　酒会设计与服务

　　酒会是一种简单活泼的宴请方式,以供应各类酒水饮料为主,并附带有各种小吃、点心或一定数量的冷菜热菜。酒会大都气氛活泼,形式多样,可以以纪念、告别、庆祝等为主题。一般酒会形式自由,席间由主人或嘉宾致辞,宾客入场及离场时间没有限制,可以提前离席。酒会中对酒水的供应时间有限定,结束时间一到,吧台即停止提供酒水服务。

## 一、酒会的种类

一般酒会有宴会前的酒会和宴会后的酒会以及主题酒会三大类。不同类型的酒会所提供的菜点品种各异。

宴会前的酒会多起到暖场的作用，在正式宴会开始前，为等候的客人提供简单的小吃和饮料。大型宴会活动前的酒会也为主办方了解嘉宾出席情况、根据宴会的出席率调整议程提供了方便。

宴会后的酒会一般规模较小，提供的小吃品种也相对简单，场地可以选择临近宴会厅的贵宾厅、休息区域以及酒店的行政走廊等酒店的场地。

主题鸡尾酒会的规模相对较大，提供的小吃品种增加，场地布置、酒会的进程等更多的细节要事先安排。

## 二、酒会菜单要求

通常酒会中不设座位，客人边交谈边用餐点。酒会菜单与宴会菜单区别较大。酒会所提供的菜肴不像座式宴会中以客人吃饱为目的，而是讲究精致、简单、方便，食物的分量有限。一般酒会菜单包括：主题酒会中供应的开胃品（包括小点，如小饼干加乳酪、小三明治、小面包加鹅肝酱等）。此外还有冷盘类、热菜类、绕场服务小吃（如油炸小点心、烤肉片等）、甜点及水果类。主题酒会的酒水品种和数量都较为丰富，客人可以在吧台点自己喜欢的酒水，并欣赏服务人员现场调制的过程。一些较为随意的餐前、餐后鸡尾酒会提供的餐点则很少，可能只供应甜点、花生米、薯片、腰果、小面包等。

鉴于酒会菜单讲究精致的特点和小批量、多品种的制作要求，其菜肴的人工成本相比其他宴会形式要高。因此，对酒会的菜点品种选择要考虑其制作和服务要求。酒会中的食物成本应控制在相对低的范围内，食品加工注重刀法以及色泽搭配、口感适宜等要求。食物应切成小块，少量，方便客人食用，而不必借助于刀叉等餐具。

## 三、酒会场地设计

酒会的招待时间一般在 1 小时到 2 个半小时之间。场地布置要依据酒会的类型以及所提供的食物和酒水的情况。例如，要考虑酒会中大部分点心是放置在餐台上还是有服务人员提供更多次绕场服务，酒会现场有无娱乐节目表演，分散摆放的桌椅位置数量和区域范围多大合适，如果嘉宾中的中老年人居多，那么酒会的菜单会有什么特色食品才能让他们满意，是否需要摆放部分座椅以照顾到部分客人的需要，以下分几个方面详细介绍。

**1. 酒会场地整体布置要求**

(1)酒会场地的布局。宴会厅的门厅、贵宾休息室、可以观赏室外风景的长廊都可以作为酒会的场地。酒会场地布局设计是影响酒会效果的重要因素之一。酒会的主要目的是希望客人之间彼此交流,如果酒会场地选择过大或者布局设计太分散,现场氛围就会显得冷清;场地过小又不方便服务人员服务。酒会场地的布局要确保舞台、餐台设计、布局能够将客人聚集到一起交谈,而不是分散进行活动。

(2)酒会餐台布置。酒会中可以根据人数设立独立的几个小餐台来放置不同冷盘类或热菜类的菜点,或者也可以根据场地的情况只设立一个主餐台。无论是多个餐台还是单个餐台的设计,最为关键的因素都是要避免因餐台设计不合理而使菜品或小吃摆放过于拥挤,影响菜肴的精致与美观。同时也要避免餐台过大而显得菜品少,客人觉得酒会场地空旷,氛围冷清,很难营造一个使客人热烈交谈的氛围。

酒会中除了吧台和餐台之外,还需要摆设一些辅助用小圆桌,以便客人摆放使用过的酒杯、餐具等。小圆桌的中间可以放装饰品来烘托气氛,如鲜花、烛台、彩色灯光或用折叠成各种形状的彩色纸巾、餐布来装饰。例如,在一次红酒的新品推介酒会上,主办方将餐巾设计成了酒瓶的形状并印有新酒的酒标。主办方将其赠送给每位客人作为纪念品。

此外,背景板、灯光、绿色植物、小吧台的装饰都是营造酒会氛围很好的装饰物。

除现场氛围外,酒会场地的整体布局要考虑到人流与物流的流通顺畅,场地设计对于服务的影响尤其重要。

**2. 酒水饮料吧台设计**

酒会中酒水饮料吧台多是根据场地临时搭建的活动式吧台,摆放在显眼的位置。酒水饮料吧台设计的合理性是酒会服务中较关键的因素。酒会中吧台位置应该尽可能远离宴会厅的入口,也应该远离餐台。酒会中,客人习惯入场后先取一杯饮料,若吧台设置在入口处,容易造成客人在酒会门口就开始等候的现象。此外,吧台与餐台摆放距离最好不要太近,避免让客人取菜点和酒水饮料都集中在一个区域。酒会中可根据客人数量,在厅内不同方位设置吧台。

吧台的形状多样,一般考虑到酒会中与客人的互动以及调制和供应酒水饮料的便利性,吧台主要以线形和椭圆形两种居多。线形可以是直线也可以是优美的曲线形状。线形吧台的优点是吧台调酒员以及服务人员在任何位置上都不会背对客人,有利于整个吧台服务的相互合作。椭圆形或马蹄形的吧台内,酒水的陈列、用具的摆放都相对集中,可以更为高效快速地为客人服务,但是当客人较多时,不利于全方位服务。

酒水饮料吧台的设计还要考虑吧台设备用品的摆放。一般来说,固定的吧台内需要制冷设备、清洗设备以及其他常用设备等。活动式吧台都不具备现场清洗的条件,但是制冷设备以及玻璃器皿、酒刀开瓶器等小件物品要准备充分。

**3.服务设计**

(1)服务区域位置。服务区位置设计不仅要考虑到厨房的位置,便于服务人员取菜点,同时也应考虑到服务人员在提供绕场小吃时的服务路线,尽量不要只预留一条进入酒会的通道,否则在人多时,绕场小吃无法照顾到现场各个方位的客人。

此外,要确保服务人员搬运物品时不需要从客人中穿过。如果是小吃菜肴品种丰富的酒会(Heavy Cocktail),则服务区的设置还应该考虑到是否方便回收客人使用过的数目较多的餐盘、饮料杯等。

(2)酒会餐具准备。一般来说,酒会最起码为每个客人准备三个酒杯和三个盘子。若为提供小吃的酒会则应考虑客人取用点心时是否需要叉子等工具。特别要注意的是,立式酒会中尽量使用有边的盘子,这样即使客人行走过程中盘子稍微有些倾斜,食物也不会轻易滑出。

## 四、酒会计价方式与服务安排

### (一)酒会计价方式

酒会的计价方式大多有两种,一种是按杯数或瓶数计算,一种是按实际消费人数计算。一般来说,中型和大型的酒会大多采取按人计算的方式,而小型酒会则可以按杯数或按瓶数计算。

例:鸡尾酒会的菜单

1.鸡尾酒会菜单A

(1)小吃菜单:

沙爹鸡肉串

时令玉米蔬菜色拉

金枪鱼黑橄榄黄瓜盅

特色糯米春卷

法国鹅肝酱配香脆烤面包

香草泡芙

（2）酒水饮料。软饮料：香槟、橙汁、矿泉水、可乐；酒精饮料如下清单。

**表 5 - 1　酒会价格表　报价 A**

| A 级 | 每瓶价（人民币） | B 级 | 每瓶价（人民币） |
|---|---|---|---|
| Chabis | 220 | Sparkling Wine | 225 |
| Pouilly-Fuisse | 220 | Liedfraumilch Gloria | 225 |
| Bordeaux Superieur | 220 | ChardonnayAntigua-Selection | 162 |
| Chateauneuf-du-Pape | 220 | Torres coronas | 225 |
| 青岛啤酒 | 50 | | |

注：凡是开瓶酒类整瓶收费。

## 2. 酒会菜单 B

（1）点心：

开拿批拼盘（assorted Canapes）

鱼子酱（Caviar）

生鲜蔬菜杯（Crudites）

什锦寿司（Assorted Sushi）

咖喱牛肉丸（Meatballs Curry）

鹅肝串（Goose Liver Skewers）

什锦干果（Assorted Nuts）

草莓慕斯蛋糕（Strawberry Mouse Cake）

蛋挞（Egg Tarlet）

鲜果 4 种类（Fresh fruits—4kinds）

（2）绕场小吃：酿馅蘑菇（Stuffed Mushroom）、黑森林蛋糕（Black Forest Cake）

（3）酒水饮料单略。

**（二）酒会现场服务**

**1. 酒水服务**

在酒会开始前，领用的酒水数量必须点清楚，并请主办方签字确认，在酒会结束时再清点一次即可确定实际酒水量。结账时不会遗漏。

酒会中杯子的准备数量一般为参会客人数的 3 倍左右，根据提供的酒品饮料通常需要准备红葡萄酒杯、白葡萄酒杯、果汁杯、啤酒杯、鸡尾酒杯等。若需要为客人现场调制鸡尾酒，应确保服务人员和吧台的调酒员都熟悉酒会所提供的酒水品种并能熟练操作。

表5-2 宴会酒品领用单
**Banquet Wine / Liquor Requisition**　　　　　　**NO. × × ×**

| 日期 Date: | | 时间 Time: | | 场地 Room: | | |
|---|---|---|---|---|---|---|
| 宴会名称 Function: | | 主办方 Organization: | | | | |
| 客人数量 Number of guest: | | | | | | |
| 销售方式 Manner of Sale: | □按小时 By HOUR | | | □按份 BY DRINK | | |
| | □按瓶 BY BOTTLE | | | | | |
| 销售类型 Manner of Sale: | □免费招待 Hosted | | | □付费 Cash bar | | |
| 酒品<br>Description | 领取数量<br>Issued | 剩余量<br>The left | 消耗量<br>Used Bottles | 份数<br>Drinks | 每份酒价<br>Drink Price | 总价<br>Total |
| 苏格兰威士忌 | 3 瓶 | 1.5 | 1.5 | 43 | 3.00 | 129.80 |
| 金酒 | 3 | 2.1 | 0.9 | | | |
| 伏特加 | 4 | 3.5 | 0.5 | | | |
| 白兰地酒 | 4 | 2 | 2 | | | |
| 朗姆酒 | 3 | 2.2 | 0.8 | | | |
| 红葡萄酒 | 20 | 6.5 | 13.5 | | | |
| 白葡萄酒 | 25 | 6 | 19 | | | |
| 啤酒 | 40 | 5 | 35 | | | |

发放者 Issued by:　　　　　　　　　退回者 Return by:

批准者 Approved by:　　　　　　　　领取者 Received by:

本表格一式三份,白色页:餐饮控制;蓝色页:宴会主管;黄色页:宴会经理。

**2. 小吃服务**

酒会中提供小吃要采取错开时段的方式,不能在酒会的一开始就将菜品全部呈上,应该在整个酒会过程中使用小托盘分时段、冷热食品结合在一起提供给客人。这样的服务方式使食品具有展示性并吸引客人,但同时又能避免客人聚拢在食物的附近。

提供绕场服务类食物时,服务人员应该了解菜肴的名称和配料。例如,当服务人员走近客人时,有机会应该向客人询问:"您要品尝这种鱼肉馅卷饼吗?"或者"您想尝尝迷你三明治吗?"若客人询问食品的配料,服务人员要能够非常清楚地答出。

酒会服务中要主动礼貌地询问客人是否需要什么,忌讳端着托盘在客人中间漫无目的地穿梭。托盘不用时要放在臂下,底部朝向自己的身体。服务人员要随时备有餐巾或纸巾,方便客人取食,注意不要将残余食物或饮料放在食品托盘上。当客人取用食物时,服务人员要将盘子稍微前倾,做出提供服务的姿势。

如果盘子快空了,要返回厨房添加,要确保托盘里有足够的食品供给,否则不要轻易走近一群客人。

在服务中要得体礼貌,并非一味按照"规定"服务。例如,当客人已经把食物放入口中后,不要再提醒他们需要蘸调料。绕场服务时,服务人员不能只负责把托盘内的食物分发完毕就可以,还需要照顾到所有的客人,而不是只关注离吧台或厨房最近的客人或人群最拥挤的地方。

**3. 分工安排**

与宴会的分工服务方式有所区别,由于酒会中没有座位,一般都是采取分组服务的方式而非划分服务区域的方法。一般将酒会服务人员分成三组,第一组负责绕场服务和餐台,第二组负责酒水饮料的服务,第三组负责收拾空杯子以及用过的餐盘,并负责场地的整理和清洁。

一般酒会在开始前的 10 分钟是饮料需求的第一轮高峰。第一轮供应的饮料最好能在 10 分钟之内全部送到客人手中。服务员在服务客人时要使用托盘拿持酒杯,并随杯附上一张小餐巾纸。

第一轮取用饮料的高峰过后,酒水供应的速度开始下降。酒会现场服务人员要迅速地将第二轮酒水饮料供应的杯子摆放整齐,排列好;同时负责收拾空杯子和餐盘服务的人员要开始在场地中整理客人使用过的餐具。此时也可以提供绕场小吃服务,点心台也应该始终保持食品造型美观,餐台清洁。

一般客人在第一杯饮料取完后 15 ~ 20 分钟,第二轮饮料要开始供应。吧台所提供的饮料须按正方形或长方形排列好,凌乱的摆放会让客人感觉是喝过或用剩的酒水。酒会进行过程中,服务人员要经常观察和留意酒水的消耗量以保证供应。此外,在较为正式的主题酒会中,开幕式或祝酒词时酒水饮料供应也是高峰。

总之,酒会中最繁忙的时间,是酒会开始前 10 分钟和结束前 10 分钟以及祝酒词之后,服务人员要熟悉酒会的进程,有预见性地做好准备工作,尽可能在短时间内将酒水饮料送到客人手中。

# 第二节　自助餐会

## 一、自助餐会的特点

### （一）自助餐历史

自助餐（Buffet）也称为冷餐会，现在几乎是国内所有星级酒店都提供的一种用餐服务方式。相传自助餐起源于公元8—11世纪北欧的"斯堪的纳维亚式餐前冷食"和"亨联早餐（hunt breakfast）"。相传这是海盗最先采用的一种就餐方式。至今仍然可以看到世界各地的自助餐厅以"海盗"名字命名。由于厌恶正餐时的繁文缛节，海盗们要求餐厅将他们所需要的事物事先准备好，由他们自由享用，吃完不够再加。起初，这样的用餐方式被人们认为是不文明的现象，但久而久之，人们也从中发现这一用餐方式的优势所在。对客人来说，用餐时可以不受约束，随心所欲，自己动手，自我服务。客人可以在自助餐菜肴中选择更适合自己口味的食品，避免不想吃、不敢吃某种食物的尴尬。

### （二）自助餐消费特点

（1）从客人角度看，自助餐有两个基本特点。第一，客人的消费额度可预见性较高，食品价格相对固定，菜点等集中陈列，客人自由拿取；同时解决了众口难调的问题。第二，客人的就餐体验不同。与宴会相比，自助餐可以免去座次安排之扰，免去了正餐礼仪束缚，使用餐者在享用自己喜爱的食物的同时又不失体面，还创造了一种平等、自由交流的用餐氛围。

（2）从酒店角度看，自助餐的经营有以下三个优势。第一，作为一种非正式的西式宴会，自助餐在20世纪30年代传入我国。随着我国不断对外开放以及社会转型时期人们生活方式、消费等观念的变化，自助餐不单单成为餐饮市场较为流行的用餐方式，也是星级酒店为客人提供的不可缺少的一种服务方式。从经济学的角度来看，自助餐经营的优势主要集中在两个方面。首先，从酒店经营的角度看，自助餐使既定产量下成本最小化。自助餐与酒店的其他餐饮形式相比，节省了大量的点菜、传菜以及结账时间，可容纳的用餐时间相对缩小，从而扩大了营业额，增加收益。对于自助餐的销售来说，在价格、总成本短时期内保持不变的情况下，销售量的变化对利润的影响最大。而自助餐相对较短的用餐时间可以增加客流量，从而增大了销售量，对酒店的经营管理更加有利。

第二，自助餐烹饪相对简单，厨师不必根据客人的点菜单做菜，而只需要根据酒店的自助餐菜单供应菜肴，更加容易使用机器，节省了厨师的劳动力。在自助餐的菜谱里，食品的烹饪加工工序是正常餐饮的三分之一以下，而一次生产的数量可以是普通菜量的好几倍甚至是几十倍。

第三,相比宴会及零点餐厅,自助餐就餐前所做的准备工作不同,服务人员可以把大量的餐具集中摆放,准备工作及用餐所需服务人员的数量较少,所耗费的人力资源成本和工作培训消耗较少。同时,由于服务失误造成的损失也会下降。因此,从酒店经营管理的角度分析,自助餐可以使利润最大化并降低了服务损失的风险。

## 二、自助餐会菜单设计

### (一)自助餐的菜单构成

自助餐源于西餐,在我国发展至今,其提供的菜肴有中西合璧的特点。菜肴也分冷盘、汤、热菜、点心、甜食、水果等各个部分,自助餐在菜品数量上相比宴会菜肴要丰富许多。按照自助餐的规格和档次的不同菜品种类也有所区别。例如,冷盘中不仅仅有西餐中常见的蔬菜色拉、海鲜色拉供客人选择,还有中式的各种荤素搭配的冷盆,如牛肉、猪肉、虾松、鱼子等。汤类的品种更是不一而足,有罗宋汤、牛尾汤、酸辣汤等。热菜的烹饪方法也较多,煎、炸、炒、煮等。此外,甜品、水果、酒水饮料的供应也是品种多样。总之,自助餐的菜点服务广泛,可以选择的品种较多。

### (二)自助餐菜肴消费特点

宴会菜单的计价无论是按照桌数还是按人数,都是以一定品种和数量的菜品进行包价销售;也就是说,顾客以一定价格将菜单上的菜品全部购买,即使用不完也可以打包带走。而自助餐则是顾客在一定品种的菜肴中任意选用,无论数量多少都按照每位顾客的规定价格收费。因此,顾客消费自助餐时有权利在餐厅提供的任意菜品中随意享用,但是不能打包带走。

### (三)自助餐菜单设计原则

#### 1. 营养搭配平衡

自助餐提供的菜肴品种丰富多样,理论上都能满足人体的营养需要。但酒店的定位不同,自助餐提供的时间不同,其菜单的设计也应有所侧重。例如,在九寨沟风景区内的酒店,午餐自助餐的菜单设计要考虑到游客上山下山、步行观光所耗费体力较多,因此应该适当增加热量的供给。而休闲度假客人在自助餐的选择上更加看重其是否提供了营养全面均衡的食品。过多的荤菜或者海鲜以及肉类食物往往给肠胃带来负担。因此在设计菜单时,除成本外,还应该考虑主食与副食的搭配平衡、荤菜与素菜搭配平衡、杂与精搭配平衡、干与稀搭配平衡、酸性食物与碱性食物搭配平衡等因素。

**2. 原料选择多样，品种风味大众化**

参照平衡膳食宝塔的建议，按照每人每天所需要的食物种类以及摄入量，应适当考虑在菜单中加入当地的土特产原料和时令蔬菜，给客人以新鲜感。此外，尽管在菜单设计时需要兼顾地方特色，但所提供的菜肴品种和口味最好兼顾大多数客人的需求，避免过多使用少数人喜爱的风味菜肴。一般酒店都会将菜品进行合理的编排与搭配，形成多套自助餐菜单，供客人循环使用。

**3. 烹调方法多样**

不同的自助餐菜肴决定不同的烹调方法。总的来说，自助餐应该以油脂量少、易于大批量操作的烹调方法为主。如，以焖、煨、炖、蒸、煮等为主，其他烹饪方法为辅。要确保加工的菜肴在自助餐炉中不会因为持续的加热而破坏造型和口感。如在自助餐中提供煎炸类的食物，一定要用保温灯等专用的加热设备。总之，要确保菜单中的菜肴能够大量生产、出品速度快且放置后质量下降慢。

此外，自助餐的菜单还要综合考虑季节、客人的国籍、地方特色以及客人的风俗习惯。例如，一般在冬季，人们更愿意选择荤菜以及热量相对较高的食物，而在夏季则更加喜欢清淡的食物。可能在我国的大部分地区，烤乳鸽是非常受欢迎的菜肴，但是在很多西方客人看来是难以下咽的。不是所有的客人都喜欢尝鲜，因此在摆餐台时在自助餐的菜肴前面最好能够注明菜名及主料、辅料的使用成分，让客人知道菜肴种类的同时，也给他们更多的选择的自由。

例：自助餐的菜单样本

此菜单的菜肴品种为国内大多数酒店所采用的中西合璧式。主要分为冷菜类、色拉类、热菜类、小吃类、水果、汤、饮料等。

（1）冷菜类：盐水鸭、油爆虾、凉拌海蜇、白斩鸡、酱牛肉、红油莴笋、香菜小素鸡、西芹丝、凉拌木耳、辣白菜、包烟火腿。

（2）色拉类：番茄、黄瓜、胡萝卜丝、生菜等各式蔬菜、坚果，3～4种不同口味的调料汁。

（3）热菜类：烤鳕鱼、黑椒牛柳、椒盐排条、宫保鸡丁、茄汁大虾、红烧肉、蘑菇时蔬、香菇菜心、菌菇鸡块。

（4）现场烹制类：西式烤鱼、煎牛排、香烤海鲜串。

（5）汤类：法式洋葱汤、罗宋汤、芋艿老鸭汤。

（6）主食类及甜品类：扬州炒饭、各式面包、桂花元宵、枣泥拉糕、素菜包子。

（7）饮料水果类：各式水果、啤酒、咖啡、可乐、橙汁、矿泉水。

### 三、自助餐场地设计

#### （一）自助餐服务方式

自助餐可以分为设座自助餐和不设座自助餐或称立式自助餐两种服务方式。尽管都是客人自取食物，但同样的场地，立式自助餐可容纳的人数更多，客人的用餐时间也相对较短。立式自助餐对于日程安排很紧的游客或会议客人更为适合。

设座的自助餐，一种是开放式的座位安排，一种是事先安排座位。设座的自助餐也有两种服务方式，一种由客人在宴会开始后随意取用食物，一种是客人根据服务人员通知分批次取用食物，酒店保证自助餐台食物的新鲜和充足供应量。

#### （二）自助餐台菜品陈列区域及器皿准备

##### 1. 陈列区域及顺序设计

自助餐与中餐的饮食习惯有相似之处，一般也是按照先冷后热，先主食后水果的顺序。因此自助餐台的菜品陈列也是按照冷菜、热菜、小吃、汤品主食、甜品、水果等顺序。现代营养学认为自助餐合理的进餐程序，应该是先食用易于消化的食物，然后才是蛋白质高的鱼虾肉类食物，最后选择酸味的水果帮助消化，清除口腔异味。

但是客人在用自助餐时往往根据自己的主观意愿来选择，还有的客人喜欢食用大量的高蛋白食物，给肠胃造成负担。为提供给客人更为周到细致的服务，部分酒店在按照传统自助餐台菜肴分类的同时，给不同类型的菜品分别分区并冠以新的名称。如，汤品区、维生素区、蛋白质区、脂肪区和碳水化合物区。这样的区域设置方法给客人用餐提供了营养学意义上的指导。

##### 2. 器皿准备

从酒店服务的角度讲，除了根据菜肴的种类准备数量充足的盘子、刀叉或筷子等餐具外，还要考虑很多的细节问题。例如，盘子的形状和大小对整个自助餐会的影响有哪些？有边的盘子可以方便客人盛装食物，用稍小一点的盘子意味着客人需要多跑几次，而稍大一些的盘子除了可以节省客人的用餐时间外，也减少了服务人员需要事先准备的餐盘数量以及现场需要清理的餐盘数量。

如果是立式自助餐会，最好为客人准备稍大一些的餐巾，若客人找到座位，可以将餐巾打开铺在膝上，既方便进餐又可以避免弄脏衣服。

#### （三）自助餐餐台设计

##### 1. 主题设计

（1）餐厅整体装饰。自助餐的主题多种多样，有情人节自助餐、圣诞节自助餐、周末家庭自助餐、美食节自助餐等。除此之外，酒店还需要为团队及会议客人提供自助餐。餐厅的装饰应该根据自助餐的主题变化而增加一些具有感染力的饰物,如具有异域风情的雕塑、布艺等。通常在酒店中,当节日来临时,万圣节的鬼脸、南瓜灯,圣诞节的圣诞老人、圣诞树、响铃、礼物,春节的中国结、红色喜庆饰物都是很好的渲染主题和节日气氛的装饰。

(2)餐台设计。自助餐台的设计对餐会的成功有很大的影响。因用餐形式自由,自助餐台的设计也灵活多样,有传统的 U 字形及 V 字形、Z 字形、L 形、蛇形、Y 形等。

一般来说,为突出主题,通常在宴会厅的中心位置布置装饰台,放置甜点、水果或冰雕等来装饰。也可以用镂空的铸铁架子来搭建自助餐台的层次感;还可以用亮丽的绸缎进行铺设,调节自助餐台整体的色彩。

自助餐中甜品、冷菜等菜点的盛器要多样又不失协调。可以将菜肴放置在镀金、镀银的餐盘中;盛器的材质可以有瓷器、玻璃、竹篮等。

摆放自助餐的餐台时要考虑提供的各种食物的整体外观如何,各种菜肴在视觉上和选料上是否相配,菜肴的颜色是否丰富多彩等。

总之,设计餐台除与餐厅的整体色调相吻合之外,还应该用不同的器皿、多层次的布置以及恰到好处的点缀来营造精美的氛围。与中餐宴会菜肴惯用雕刻、讲究复杂工艺不同,自助餐台的布置应注重整体感,用巧妙构思和具有视觉冲击力的布置来突出效果。

**2. 路线设计**

(1)自助餐会的布局可以分为设座与不设座两种形式,不设座位的自助餐服务方式同样也适用于酒会。

(2)自助餐台面的菜肴摆放可以分设主菜台、主食台、饮料台、甜点台等,每一种菜都采用独立餐台展示。这样的分区设置不仅能够使冷、热、生、熟食物分开,便于客人取用,同时也可以合理地疏散客流。

(3)自助餐台一般每 80～100 人设一组菜台,500 人以上的宴会可以每 150 人设立一组菜台,或采用一个餐台两边同时取菜的方法。自助餐会的餐台面积计算方法应根据自助餐保温炉的大小与数量、餐桌布置装饰等来决定。一般来说,客人单边取菜的餐台宽度以不超过 50～60 厘米为宜。

(4)在设计餐台时,除考虑餐台的位置以及数量,还要事先预测客人的饮食喜好,事先多准备一些受欢迎的菜肴,及时添减,缩短客人等候取菜的时间。

(5)尽量将客人取菜的路线与厨师和服务人员的工作区域分隔开,因为无论是客人加菜还是服务人员收盘,穿过手持盛满菜肴的餐盘的客人都是非常危险的。取菜路线的人流交会应该在取菜口处,而非取菜处的尾部。

**3. 用餐现场互动设计**

尽管自助餐会又称"冷餐会",酒店在设计时也要考虑如何营造服务人员与客人之间的互动,让冷餐会不"冷清"。通常采用的方法是现场设立部分现场烹制的食品台。厨师根据客人的加工要求在现场加工食品,让客人即时取食。部分小吃或甜品台甚至可以允许顾客自烹自食。要注意一些现场加工的菜点,如烤牛排、烤鸭、地方特色小吃等,应该设立独立的供应服务点,并与主菜台保持一定的距离,避免人流拥挤。

## 四、自助餐会服务

### (一)菜肴服务

服务人员通常在自助餐台的附近帮助客人取用食品,回答客人有关食品方面的问题,同时要不断清理滴洒的食物,协助厨师进行自助餐台的摆放并补充食物,确保在整个服务过程中食品都是热的,且台面始终保持干净整洁。

自助餐中,通常需要在食品的前方或一侧放置标牌,解释食品的名称或烹饪方法,尤其对于一些有饮食禁忌和偏好的客人尤其重要。菜肴所需的调味品必须摆放在旁侧,放置在小型杯盘中,方便客人取用。

自助餐服务难度之一是菜肴供应在量上很难把握。现场服务人员可以在为客人提供服务的同时建议他们每种菜肴都尝试,而不是只盯着一种菜肴。对规模较大的团队用餐,在服务开始之前,宴会部经理会请客人按照桌号的顺序去取餐。宴会活动的负责人也要掌握现场的情况,菜肴用完要及时续添,同时对厨房续添菜肴所用时间长短要做到心中有数,避免让客人看到空菜盘。一般来说,当自助餐盘中的食品少于四分之一的时候就应该补充。补充菜肴时不要在现场将食品从一个托盘直接倒入另一个托盘,剩余的食物应该带回厨房,重新补充和装饰后再呈现给客人。

不同类型的自助餐会服务要求有很大差异。例如,酒店会议客人的用餐时间往往受会议议程影响。用餐时,人员高度集中,对服务和短时间内的出菜量均有较高要求。为会议客人设计的中餐自助餐和晚餐自助餐菜单可能会有所区别。例如,若会议议程安排紧凑,自助餐的服务和设计都要充分考虑如何提高服务效率,同时中餐食物如果太油腻、太丰盛,客人用完后可能会觉得没有精神,昏昏欲睡。

住店客人希望晚餐的自助餐更加丰盛一些,会议客人、忙碌的商务客人以及团队游客也趋向于同样的消费习惯,因为晚餐的时间更加充裕,客人更愿意花时间和精力来品味菜肴。

### (二)团队客人自助餐服务

在团队客人的服务中,确认实际就餐人数是主办方与酒店都关心的问题。一般自助餐收费都是按实际用餐人数计算的。使用餐券计算人数的方法更清楚有效。通常主办方会提前将餐券发给客人，宴会当天在入口处设立一张工作台，由主办方和酒店各派一人，向前来用餐的客人收取餐券。酒店应该在每场自助餐会结束后以书面形式与主办方对实际用餐人数达成一致，并签字确认。尽量不要多次用餐后再核对具体人数，以免发生混淆。若客人采取包场或规定最低保证人数的合约方式，此类问题可以避免。

在用餐地点的安排上，应该避免将不同团队的客人安排在同一时间用餐；尽量将团队用餐与住店客人或散客用餐区分开。这些措施都可以避免酒店与客人最后在确认自助餐人数时产生异议。

# 第三节  西餐主题宴会设计与安排

## 一、西餐主题宴会台型设计

### （一）西式宴会台型设计

西式宴会由于受到风俗习惯、餐饮用具以及烹调方法、服务方式等因素的影响，均以中小型居多，大型宴会多采取自助的形式。餐酒搭配的服务要求及每人每份的上菜服务方式使得西式宴会一般都是以长餐桌为主，每餐的菜式及服务程序变化不大。西式宴会较为常见的台型有以下几种。

**1.“一”字桌形**

这是一种传统的最常见的西餐宴会台型。通常宴会桌居于场地中心位置，长桌的两头可以采用圆弧形或方形拼接。通常宴会服务中带有表演性的动作在“一”字桌形中能够起到较好的渲染气氛的效果，这种台型为主客双方都提供良好的视野和观看表演或演出的角度，如图 5－1 所示。

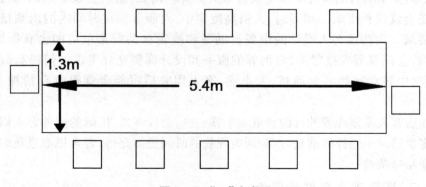

图 5－1  “一”字桌形

**2. U 字桌形**

有圆弧 U 字以及方形 U 字两种台型。U 字桌形在搭台时要掌握横向和纵向的比例。一般来说,横向要比纵向长度短,U 形台的凹处,多用绿色植物或花卉图案做装饰。U 字桌形也方便观看厨师现场表演,如图 5 - 2 所示。

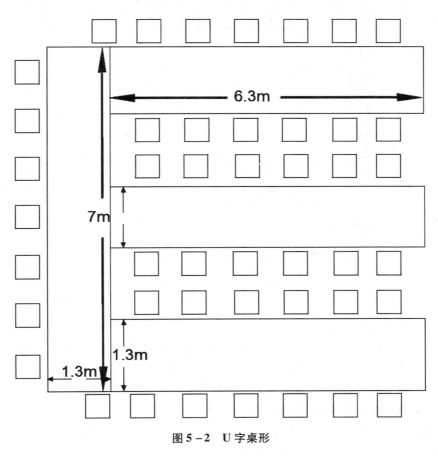

图 5 - 2　U 字桌形

**3. E 及 M 桌形**

这两种台型搭台时要求各个翼的长度要对称,横向的条桌与各个翼可以保持适当距离,这两种桌形通常适用于人数较多的宴会,如图 5 - 3 所示。

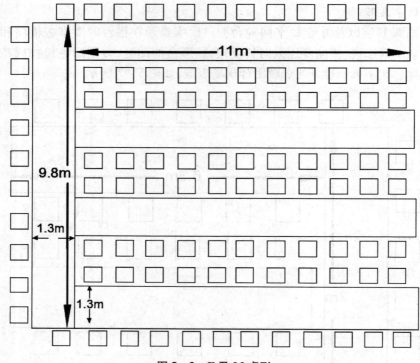

图 5-3　E 及 M 桌形

#### 4. 其他台型设计

根据宴会的主题以及来宾的人数,西式宴会也可能设计成 T 型,便于主客观看或现场互动。回字形餐桌也较为正式,但回字桌两边客人因距离较远,不便沟通;采用回字桌形的布置,需要在中空部分设计较好的装饰,以免显得空旷。

#### (二)西餐宴会座位安排

西式宴会中座位的安排也与中餐区别较大。一般来说,男女宾客交叉而坐,客人席位的高低,离主人越近的客人越重要。

### 二、西餐主题宴会菜单构成

西餐菜单的构成与中餐的不同之处体现在以下三个方面:第一,西餐宴会的菜肴通常由头盆、汤、主菜、甜品等七大类构成。第二,西餐菜单中的烹饪方法与中餐也有较大区别。第三,西餐宴会中对酒菜搭配的要求较高。

#### (一)西餐宴会的菜品构成

#### 1. 前菜类

前菜也叫开胃菜、头盆,一般在主菜前食用。前菜主要用来开胃、刺激食欲,特点是量相对少,色美味鲜。前菜通常包括饼干类开胃品、蘸汁类开胃品以及其他开胃小食。较为有名的前菜有法式鹅肝酱、俄式鱼子酱、肉冻、酸菜等。

**2. 汤类**

在法式宴会菜肴中通常分为两大类,一类是清汤,一类是浓汤。清汤中又以清炖肉汤最具有代表性。

**3. 主菜**

主菜是西餐菜单中最重要的一道菜,通常最能够代表厨师的烹饪水准和宴会规格。主菜的分量最大,口味最具特色。主菜包括鱼、虾类、禽类及野味等。按照西餐宴会的习惯,一般只选用一道主菜。

主菜大都需要配菜,配菜一般选用各种新鲜蔬菜,按照不同颜色、兼顾营养均衡来搭配。配菜既装饰主菜,在色、香、味、形方面美化主菜,又能平衡营养。

**4. 色拉类**

色拉通常在用完主菜后提供给客人。色拉有荤素之分,荤色拉一般由鱼虾、蟹肉等原料制成。素色拉主要选用新鲜的蔬菜水果。

**5. 甜品类**

甜品类并不限甜味食品。按照西餐的习惯,甜品是指正餐后食用的食物。甜品一般有三大类:一类是由冰激凌、布丁组成的甜食类菜品,一类是由奶酪为主要原料制成的咸味小吃,还有一类为水果。

**6. 面包**

面包是西餐中的主食,从原料及制作方法上来看种类和花色繁多。西餐宴会中自始至终会供应面包,一般都搭配黄油食用。面包有白面包、黄面包、葡萄面包等。

**(二)西餐宴会标准菜单结构及代表菜肴**

表5-3 西餐宴会标准菜单结构及代表菜肴

| 菜单项目 | 代表性品种 |
| --- | --- |
| 餐前食品类 Horse d'Oeuvres | 三明治烤面包 Canapes<br>鹰嘴豆泥 Hummmus<br>纸包鸡肉 paper – wrapped chichen |
| 开胃品类 Appetizers | 蒜味烤虾 Shrimps, Broiled with Garlic<br>那不勒斯比萨饼 Ravioli with Three Cheeses and Escarole |
| 汤类 Soups | 西班牙冷汤 Gazpacho<br>苏格兰肉汤 Scotch Broth<br>蔬菜牛肉汤 Goulash Soup |

续表

| 菜单项目 | 代表性品种 |
| --- | --- |
| 主菜类 Entress | 烤牛肉胸 Barbecued Brisket<br>香味鸡肉 Aromatic Chichen<br>咖喱牛肉 Beef Curry |
| 蔬菜类 Vegetables | 彩虹花园 Rainbow Garden<br>蔬菜饼 Vegetable flan<br>烤蔬菜 Grilled vegetable |
| 马铃薯、面食及谷物类<br>Patatos,Pasta,Grains | 肉汁米饭 Riaotto<br>鸡杂碎饭 Dirty Rice<br>大麦粉肉饭 Barley Pilaf |
| 沙拉类 salads | 鸭肉色拉 Duck Salad<br>香蕉色拉 Banana Salad<br>香肠色拉 Wurse Salad |
| 甜点类 Desserts | 苹果馅饼 Apple Flan<br>姜汁奶油冻 Ginger Mousse<br>巧克力酱 Dark Hard Ganache |
| 饮品类 Drink | 各类茶、咖啡及牛奶 Tea,Coffee,Milk |

### （三）西餐烹饪方法与原料选择

**1. 西餐菜肴烹饪方法**

西餐更加注重营养,烹调方法相比中餐较简单。西餐中一般使用蒸、煮、炸、烤、焖等方法。而中餐更加注重色、香、味、形、意,烹调方法相当繁复。中餐的基本烹调方法就包括煮、炖、焖、烧、炸、烤、蒸、熏、白灼。而其中仅"炸"就又可再分为:煎、炒、爆、扒、干炸、酥炸等,加工方法分类相当细致。而西餐菜肴加工过程尽量保持食物的原汁和天然营养,色、香、味、形的追求倒在其次;蔬菜多生吃。

**2. 西餐菜肴原料选择**

中餐的菜单选料极其庞杂,而西餐的选料相比中餐而言范围相对小。中餐烹调讲求整体和调和之美,尤其会在菜肴中注入更多的文化含义。中餐在用料上往往显出极大的随意性,许多西方人视为弃物的东西,都是中餐菜肴极好的原料。比如西餐中不会食用动物内脏,然而这些原料经过煎、炒、油炸等加工,往往成为中式宴会的美味佳肴。

### (四)西餐菜肴与酒水搭配

中餐对于菜肴非常讲究"色、香、味、形",但是对于酒怎样搭配菜肴就不是很讲究了。用餐过程中如果饮用烈酒,其强烈的酒精会麻痹味蕾,无法品尝出食物的美味。而酒精度不高的葡萄酒最合适搭配食物,能与食物产生共鸣,相辅相成。葡萄酒是有生命的,有的酒很长寿适合存放,而有的酒却要尽快喝掉。一般而言,普通价位的红、白葡萄酒都是寿命短促不易存放的,最好在装瓶后尽快喝掉。而较为高级的红、白葡萄酒生命力强,储存是必要的。因为随着时间的积淀会使它们达到完美境界。

西餐宴会中酒水与菜肴搭配的基本原则是"红酒配红肉,白酒配白肉"。所谓的"红肉"是指牛肉、羊肉、猪肉、鹿肉,而"白肉"则是指鸡肉、鸭肉、海鲜、兔肉等。更进一步地说,味道重的食物要搭配口感丰富、味道浓郁的酒,而味道清淡的食物要搭配清新淡雅的酒。清蒸牛肉也可以搭配清淡红酒,红烧鸡块则可以搭配浓郁的白酒或清淡红酒。

西餐中的酒大致可以分为以下几种:开胃酒、佐餐酒以及餐后酒。

开胃酒,顾名思义就是在用餐前用来刺激胃部、增进食欲的酒。开胃酒一般不选择浓郁或者太甜的酒,以免麻痹味蕾,不能充分地享受美食给感官带来的快乐。欧洲人比较喜欢的开胃酒首推香槟,清爽及微酸的口味,最能触动味蕾刺激胃口。

西餐佐餐时所用的酒水以红葡萄酒、白葡萄酒、香槟等为主。若用餐时需要搭配两种或两种以上的葡萄酒,最好先选用口味清淡的,再搭配口味浓郁的酒。白酒比红酒给内脏带来的负担更少,更容易消化吸收。

餐后酒一词的本意是促进消化,用餐后喝一些会促进脂肪的分解。餐后酒可以分为三类。第一类是可以搭配甜品的酒,如甜白葡萄酒和甜气泡酒。与甜品搭配的酒不能甜度太高,以免甜上加甜,产生腻感。第二类是甜度较高的酒,可以直接作为甜点饮用。第三类是酒精度高的烈酒或香甜酒,例如白兰地或苹果蒸馏酒等。冰酒也可以当作餐后甜点直接饮用,较为适宜的饮用温度是 4℃ ~8℃。冰酒的产量很少,可以说可遇不可求。目前世界上生产冰酒的国家有奥地利、德国和加拿大。

## 三、西餐服务方式

西餐的服务方式经过多年的演变,各国、各个地区所采用的服务方法都不尽相同。

### （一）法式服务

起源于欧洲贵族家庭，服务特点是菜肴在厨房进行半加工后，用银盘端出，置于带有加热装置的餐车上，由服务员在宾客面前完成最后的烹制。一般在餐桌前烹饪分切、焰烧、去骨、加调味品及装饰等，使客人欣赏到服务员出色的操作表演。如头盆是在现场加调料，搅拌后分到每个餐盆中，一起派给客人；主菜是在厨房加工完之后在现场进行分割后给客人的。

在桌边完成最后制作的人一般为高级厨师，需要很高的技艺才能在宾客面前展示其烹调技术。传统的法式服务通常由两位服务人员负责"桌前烹饪"，首席服务人员和助理服务人员。助理服务员负责传菜、上菜、收撤餐具及协助首席服务员。同时，宴会中有专职酒水服务员，使用酒水服务车，按开胃酒、佐餐酒、餐后酒的顺序依次为客人提供酒水服务。

法式服务严格按客人所点的菜肴配备餐具，吃什么菜肴用什么餐具。餐具全部铺在餐桌上，右刀左叉。客人用餐时按上菜的顺序从外到里地摆放，有几道菜点，就上多少餐具刀叉。除了面包、黄油、配菜外，其他菜肴服务一律用右手从客人的右侧送上；从客人右侧用右手斟酒或上饮料并从右侧收撤。服务调味汁和配料可从客人左侧进行（但服务鲜胡椒必须从客人右侧进行），用右手托调味盅（配垫碟），左手拿勺为客人服务，并要说明调味汁和配料的名称，询问客人调味料放在盘中的位置。

法式服务的优点是设施豪华，讲究礼仪，服务周到，节奏较慢，费用昂贵；能让宾客享受到精致的菜肴、优雅浪漫的情调和欣赏表演式尽善尽美的服务。

法式服务的缺点是餐厅必须有良好的培训，员工需要有较高的服务技能；员工需要在客人面前切分食物、调拌色拉等；员工能服务的客人数较少。

此外，法式服务的菜肴服务过程耗时较长，餐厅在工作时间内通常只能接待一批客人，因此餐费的价格制定必须足够补偿这些成本。

再有，由于法式服务中有部分食品是在餐厅完成最后的加工程序，因此对餐厅的通风系统有相对高的要求，否则室内的空气会因为烹调的气味而变得浑浊。

### （二）俄式服务

俄式服务又称为银盘服务，在很大程度上受到法式服务的影响。由于在俄国人中很难找到高技艺的厨师，食物是在厨房内制作完成的。为了使食物看起来引人注目，人们把食品放在皇室所使用的银盘中。

俄式服务的优点是不需要小餐车，比法式服务更节约空间。同时服务人员不必掌握很高的上菜技巧，食品的食量相对来说更加稳定，客人的就餐时间加快，餐厅可以有更高的翻台率。俄式服务讲究礼节，风格雅致，服务周到，但表演较少。第一次分派保证每位客人的菜肴基本相同；分菜分到最后一位客人时，要保持盘内菜肴的美观。第二次分派只是给需要添加的客人。两次分派完成后,大银盘内只能剩下少许菜肴,并要及时送出餐厅。

俄式服务中,服务人员也需要具有灵活使用餐叉和餐勺的技艺才能优雅地把银盘中的食物分发到客人的餐盘中。

### (三)美式服务

美式服务的基本原则是右上右撤。其特点是服务简单明了,便捷有效。服务不太拘泥形式,同时可服务多人。广泛流行于西餐厅和咖啡厅。不需要做献菜、分菜的服务,工作简单容易学习,且员工的培训成本相对较低。美式服务的速度快,能将食物趁热供给客人,且食品的加工烹饪过程不需要昂贵的设施设备。

### (四)英式服务

英式服务又称家庭式服务,起源于英国维多利亚时代的家庭宴请,是一种非正式的、由主人在服务员的协助下完成的特殊宴席服务方式。私人宴请中采用较多。

服务员充当主人助手的角色。先将加过温的空餐盘及在厨房已装好菜肴的大盘,放在男主人面前。由男主人负责所有肉类主菜的切分、汤类菜肴的分盛及饮料酒水的调制;女主人负责蔬菜和其他配菜的分盛、甜点的分配及装饰;然后分到客人用的盆子中,交给站在左边的男服务员。服务员负责分送给宾客,以及清理餐台,如撤下空盘,更换公用叉、勺,撤下客人的餐盘等,协助客人传递菜肴。各种调味汁和一些配菜摆放在餐桌上,由宾客自取并相互传递。宾客像参加家宴一样,取到菜后自行进餐。

## 五、西餐主题宴会服务流程

### (一)西餐宴会服务要求

**1. 上菜顺序**

西餐宴会的规模相比中餐宴会要小,上菜顺序也不一样。一般的上菜顺序为:开胃菜(头盆)——汤——色拉——主菜——甜点和水果——餐后饮料。待客人用完后撤去空盘再上另一道菜。

**2. 上菜位置**

西餐采用分餐制,应遵循先女宾后男宾、先宾客后主人和年长客人优先的服务顺序。为少打扰客人和方便服务操作,大多遵从"右上右撤"(右手从客人右侧上菜、撤盘)的原则。

**3. 服务要求**

上菜时,盘中主料应摆在靠近宾客的一侧,配菜应放在主菜的上方。每上一道新菜前,要先为宾客提供相应的酒水服务,摆放好配套的餐具。在用餐前,服务人员应仔细观察西餐餐桌的"刀叉语言"。若刀叉并排摆放餐盘中央或呈 4 点～10

点方向,则表示客人用餐完毕,服务人员可以不必征询客人意见将餐盘撤走。在上新的菜肴之前,服务人员清理台面,及时摆上与新上菜点相匹配的刀叉、盘碟。上水果、甜点前,撤去酒水杯外的餐具,摆上新的餐具。

西餐用餐过程中桌面应经常整理以保持整洁。服务完主菜后,用专用的清台工具和盘子清理桌子上面包屑等,然后再为客人提供甜品服务。清理台面的动作应该迅速,不要把杂物再掉落在客人身上或地毯上。

收下来的盘子应该有条理地放在托盘上,同一规格的菜盘放在一起,餐刀和餐叉、餐勺放在一起,不能杂乱无序地堆在托盘内,这会导致服务员在运送过程中难以掌握平衡或者有餐具掉落的危险。如果收下来的盘子较多而一时又无法送入洗涤间,应该在脏盘子上盖一块口布以保持整个宴会就餐环境的整洁美观。

## (二)西餐菜肴服务

表5-4 西餐菜肴服务要求

| 菜 点 | 上 菜 要 求 |
|---|---|
| 主食 | 1. 在宴席开始前几分钟摆上黄油,分派面包。面包通常放在面包篮内,由服务人员从客人的左手边送到客人餐盘左上方的面包盘内。<br>2. 面包作为佐餐食品可以在任何时候与任何菜肴相配,因此西餐的整个用餐过程中都一直提供面包。一旦面包用完应立即给客人续添,直到客人表示不再需要为止。<br>3. 在宴会中,不管面包盘上有无面包,面包盘都需保留到收拾主菜盘后才能收掉;若菜单上有奶酪,则需等到客人用完奶酪后。 |
| 开胃菜 | 1. 开胃菜或称为冷盘,主要是为了使客人增加食欲。冷盘一般为熏鲑鱼、鹅肝排、鱼酱、各式虾类等,餐前开胃品必须用冷冻过的餐盘盛装。<br>2. 若需要在餐桌旁服务色拉调料,服务人员应站在客人的左侧,用左手托住色拉调料托盘,右手握住调料匙从调料盅内舀出色拉酱,按照顺时针方向均匀浇在菜肴上。 |
| 汤 | 1. 上清汤或肉汁汤时,热汤的盛器必须加热,保持汤的温度。<br>2. 上汤时要提醒客人小心烫手,带盖的汤服务给客人时要小心去揭汤盅盖子,避免水汽滴落在桌布上或客人身上。 |
| 主菜 | 主菜是一餐主要的菜肴。餐具必须与所选定的主菜相对应,如吃牛排要配牛扒刀,吃龙虾要配龙虾开壳夹和海味叉,吃鱼类要配鱼刀、鱼叉等。 |

续表

| 菜 点 | 上 菜 要 求 |
|---|---|
| 甜点或餐后酒 | 1. 甜品通常是最后一道菜肴。<br>2. 上点心之前若备有香槟酒，需先倒好香槟才能上点心。点心应从客人右手边上桌，撤餐盘、叉、勺也从客人右边进行。 |
| 餐后饮料 | 1. 先放好糖缸、热牛奶或奶精。<br>2. 所有的饮料（如冰水、牛奶、咖啡、酒水等）都从客人的右边右手送上，也有部分宴会将甜酒作为餐后饮料。 |

### （三）酒水饮料服务

**1. 饮料服务**

在西餐宴会中，人们饮用冰水已成习惯，在宴席中冰水尤其不可或缺。

冰水服务应用冰夹或冰勺将冰块盛入玻璃水杯中。提供冰水时可用柠檬、酸橙等装饰冰水杯。

矿泉水服务前应先冷却，使其温度达到4℃左右。瓶装矿泉水应在餐桌上当着客人面打开、倒入杯中，由客人决定是否要加冰块或柠檬片。

**2. 酒水服务**

西餐宴会中，每一道菜肴都搭配不同的酒水。要根据宴会的菜单推荐合适的酒水。酒水与菜肴搭配的基本原则是"红酒配红肉、白酒配白肉"，即红葡萄酒搭配口味浓郁的菜肴，而白葡萄酒搭配口味清淡的菜肴。

### 案例分享

1. 在一次有近千名客人出席的酒会上，主办方安排了一个三人演唱组合在大厅的中央为来宾演唱助兴。然而，由于长条形的大厅不利于声音的传播，加上演唱者所选的曲目也较为低沉缓慢，因此他们的作用形同虚设。很少有客人注意他们，也没有人听见他们的歌声。结果，主办方只好请他们三人提前离场了。大部分客人都聚集在位于场地四周的吧台附近交谈，根本感觉不到演唱者的作用。

思考：你认为在这样的酒会场地设计中应该如何设计才能体现表演者的作用？

2. 一位老客户希望以酒会的形式来庆祝公司的年会。酒会预计出席人数为500人。统筹人员特别为他选择了一个能容纳700多人的立式酒会的场地。主办方将背景板及舞台都搭建得非常炫目，整个调试和彩排过程看上去效果也很好。统筹人员充分考虑了场地的路线。酒会当天的出席率超过了90%，但是效果却并不理想。除了酒会开幕式致辞时来宾较为集中外,其余时间大部分客人都三三两两地在场地的各个角落聊天。场地的中心和背景板附近都很冷清。

思考:在此案例中,你认为酒会氛围冷清的原因是什么? 在酒会的场地选择时应该考虑哪些因素?

3. 在一次要求客人正装出席的鸡尾酒会上,共有500多名客人到场。从厨房出来的所有食物和酒水都从场地唯一一条通道送至客人手中。酒会开始前半个小时,场面有些失控。由于现场设立极少的食品台和吧台,所有的食物和酒水被"埋伏"在必经之路上的一小拨客人瓜分得一干二净。服务人员试着照顾到现场所有的客人,但是端着装满酒水的托盘穿过人群是非常困难的,很多客人在入场15分钟后都没能拿到一杯饮料。

酒会的策划者本来是安排服务人员在现场来回走动,及时收走客人使用过的杯子和盘子,但现场大家都忙着满足客人提供饮料的要求,根本无法及时来回穿行并收走垃圾。

思考:你认为在酒会的现场的人流设计应考虑哪些因素? 吧台的设计应注意什么? 现场服务中怎样安排酒会的分工更为合理?

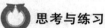 **思考与练习**

1. 西餐宴会摆台有哪些规范和要求?
2. 西餐宴会服务有哪些程序?
3. 如何安排西餐宴会中的席位?
4. 西餐宴会的酒水服务有哪些要求?
5. 鸡尾酒会有哪几种形式? 不同的酒会形式对菜单有何要求?
6. 自助餐的菜单有何特点?
7. 酒会服务有哪些要求? 酒会现场服务人员分工有什么特点?

# 第六章

# 宴会外卖活动筹划与服务

随着市场需求的不断变化,宴会外卖业务的需求也不断增加。宴会外卖对于提升酒店的形象,扩大酒店知名度都很有帮助。本章探讨了宴会外卖活动洽谈的主要内容,尤其是场地考察时的考虑因素;还详细介绍了外卖工作的流程和现场服务的注意事项。

**学习目标**

- 知晓宴会外卖活动的洽谈与准备工作要点。
- 了解宴会活动场地设计的注意事项。
- 知晓宴会外卖准备工作的流程。
- 熟悉外卖现场管理与服务。

## 第一节　宴会外卖活动的洽谈与准备

许多酒店在设备条件允许并且具有足够市场需求的条件下,提供外卖服务。将酒店内的宴会移到酒店以外的场地举办,但对外卖服务的要求甚至比店内更高。举办活动的场地及设施无法像在酒店那样齐全便利,因此宴会外卖更加需要小心谨慎地安排每一个细节。

宴会外卖能使参与的工作人员学会因地制宜,根据现场情况灵活处理问题,提高变通和协调能力,给主办方留下深刻印象,通常会使酒店的声誉更具有影响力。

## 一、宴会外卖计价方式

外卖的形式有多种多样,有中式宴会、西式宴会、自助餐会、酒会以及茶点会等,其中较为受欢迎的宴会外卖形式是自助餐会、酒会和茶点会。

外卖宴会在成本上比店内宴会要高,酒店一般都规定最低消费标准,以确保收益。宴会外卖服务从准备工作、搬运器材上车、运输到卸货、现场布置以及收尾工作,所需要的人力是平常宴会的两倍至三倍。与此同时,宴会外卖还要考虑交通费用、搬运器材时可能发生的损耗等因素。因此,很多酒店都对外卖服务的人数和最低收费标准有限制。如表6-1所示。

表6-1　外卖宴会价格参考表

| 外卖形式 | 外卖价格 | 最低人数的保证 |
| --- | --- | --- |
| 中式宴会 | 每桌4000元起 | 2桌以上 |
| 西式宴会 | 每位500元起 | 30人以上 |
| 酒会 | 每位180元起 | 100人以上 |
| 自助餐会 | 每位280元起 | 100人以上 |

外卖宴会的计价方式大致上有两种,一种是在宴会餐饮报价的基础上加算手续费用及员工劳务费(按小时算)。手续费用包括车程费用、器皿的损耗费用。第二种方式是在宴会总价的基础上加收30%左右甚至更高的服务费,用来代替器皿损耗、员工劳务和手续费等项目费用。

相对来说,第一种报价方式,即宴会报价加上手续费及劳务费的方式可能对酒店来说较为保险,至少保证了服务人员的劳务费用,尤其适合酒店没有专门的宴会外卖服务团队或者服务团队经验不足的情况。

## 二、外卖前的准备工作

外卖宴会的计划和准备工作通常要比店内程序复杂得多。接受客人的宴会外卖预订意向后,第一个关键环节是了解宴会外卖场地的具体情况;其次根据场地和宴会的主题设计现场布置图纸。

在与客人签订合同后,宴会外卖服务人员要根据菜单以及场地规划图纸准备物品,要确保宴会所需的全部食品、设备、餐具、布件等无一遗漏。宴会外卖服务需要开具详细的清单列表,以备清点、核实。外卖服务中忘记某件东西意味着要重新返回酒店。但大多数情况下,返回酒店这一做法的时间成本和交通成本都太高,不是解决问题的最佳途径。

**1. 场地察看**

宴会外卖可以根据主办方的要求选择与众不同的地方来举行活动,这是宴会外卖最为吸引人的地方。主办方希望把活动的策划和安排都交给一家供应商,中间环节越少越好。宴会外卖的选址可以是博物馆、美术馆、私人住宅、皮划艇俱乐部或者是室内的排球场等,甚至改装过的仓库、摄影棚也可以成为主办方希望的场地。宴会统筹和策划人员要充分利用宴会举办地点的有利条件或风景。

宴会策划人员必须要到宴会的现场进行勘察,一些大型的宴会还必须请厨房工作人员、餐饮服务人员、搭建人员以及工程人员等一同协商。厨师对场地及设备有充分了解,作为开菜单的参考。搭建部门可针对场地的情况事先规划宴会布置事宜。餐饮人员可以根据场地使用情况确定自己的后台服务区、临时清洁区域的位置。策划人员还应该考虑所有用品装卸是否方便、现场附近有多少个停车位可以使用,是否还需要短途运输的设备等。某些特殊地形场地,导致搬运器材成本提高或可能增大器皿损耗,这些情况都应该在勘察场地时与客户沟通,若需要增收额外的搬运费用要事先说明。

值得注意的是,如果要策划一次晚宴,统筹人员必须在夜晚进行实地考察,才能更清楚地知道如何充分利用场地。因为有些地方在白天看起来与夜晚的效果是不同的。

如果举办户外的宴会则需要考虑天气的因素。天气的因素包括两个方面,一是举办宴会的季节,二是宴会当天的天气情况。如果在夏季的南方地区举办宴会,天气大部分时间都是闷热潮湿的,大部分客人不会愿意留在户外;而北方的夜晚则相对凉爽,客人可能更愿意留在户外活动。若设计好活动场地,最好关注活动举办几天的天气情况,要做好后备选项,以防天气变化。

统筹策划人员最好在场地察看时带一张"察看情况核对表"(如表 6 – 2 所示),宴会与会议统筹人员越仔细,客户就感觉越值得信赖;提出的问题越专业就越能激发客户对酒店的信心。

表 6 – 2　场地察看情况核对表

| 序号 | 场地情况记录 | 备注 |
|------|-------------|------|
| 1 | 测量场地的所有房间并确定可以有多大的工作空间。 | |
| 2 | 准确测量房间能够放多少椅子、桌子和容纳的人数。 | |
| 3 | 有多少客户的设备是可以利用的? | |

| 序号 | 场地情况记录 | 备注 |
|------|------------|------|
| 4 | 上下楼时通过楼梯还是别的通道? | |
| 5 | 厨房有多大? 有没有足够的空间准备菜肴? | |
| 6 | 冷水和热水是否够用? 前台和后台是否需要共享? | |
| 7 | 自带设备和租用设备应该放在哪里? 是否安全? | |
| 8 | 酒店员工的休息区域和卡车等应该设置在哪里? | |
| 9 | 设备若发生故障将如何处理? | |
| 10 | 酒店的哪种颜色布件和现场或室内装修比较和谐? | |
| 11 | 有多少插座? 是不是都是从一个保险丝上接电? | |
| 12 | 谁负责设备的维护? 谁负责现场的安保和消防工作? 有哪些手续需要办理? | |
| 13 | 如何处理垃圾? | |
| 14 | 每个区域或房间的照明是否足够? | |
| 15 | 上菜的路线怎样安排? | |
| 16 | 场地的安全通道在哪里? 其标志是否明显? | |
| 17 | 天气对活动会有什么影响? 怎样制订预案? | |
| 18 | 场地有没有噪声限制? | |
| 19 | 什么时候能够使用这个场地? 第一批工作人员需要提前多少时间到达来布置场地? | |
| 20 | 需要购买什么样的保险来保护酒店工作人员、客人的利益? | |

**2. 器皿准备**

在结束实地考察后,宴会外卖的负责人对场地能够提供什么、酒店需要提供什么要做到心中有数,再根据外卖宴会的菜单来准备物品。装箱单是酒店为外卖宴会而准备的所有的物品清单。这是高效工作所必需的一个工具,装箱单至少准备两份,一份给餐饮服务人员,另外一份给厨房或后勤部门。清单范例如 6-3 所示。

表6-3 外卖宴会装箱单

| 宴会编号： | | 日期 | |
|---|---|---|---|
| 时间： | | 宴会地点： | |
| 第一部分 | | 箱号： | |
| 名称 | 数量 | 名称 | 数量 |
| 小圆桌（直径1.83米） | | 毛巾、毛巾盘 | |
| 白色桌布（2.5米×2.5米） | | 白手套 | |
| 粉色桌布（2.44米×1.58米） | | 迷你牙签 | |
| 白餐巾 | | 葡萄酒开瓶器 | |
| 粉红餐巾 | | 胡椒、盐 | |
| 蜡烛 | | 喷水器 | |
| 火柴 | | 桌布（包装或备用） | |
| 白桌裙 | | 咖啡保温壶 | |
| 粉色围裙 | | 酒精灯 | |
| 金色围裙 | | 泡沫塑料或可乐箱 | |
| 装箱人： | | 检查人： | |
| | | | |
| 第二部分：外卖中餐餐具明细单 | | 箱号： | |
| 名称 | 数量 | 名称 | 数量 |
| 高脚水杯 | | 直筒杯 | |
| 银汤盅 | | 筷子 | |
| 筷架 | | 汤碗（9.0厘米） | |
| 茶杯 | | 茶叶 | |
| 烟灰缸 | | 毛巾、毛巾盘 | |
| 啤酒杯 | | 公用汤勺 | |
| 小白酒杯 | | 银酒壶 | |
| 冰桶、冰铲 | | 椭圆小味碟 | |
| 装箱人： | | 检查人： | |
| 本次外卖总计箱数： | | | |
| 核发人： | 申请部门主管： | | 申请人： |

清单至少要核查两遍,出发前作最后确认,确保没有遗漏外卖所需的用品,一旦遗忘物品后果会非常麻烦甚至会带来严重影响。

# 第二节 宴会外卖现场管理与服务

## 一、宴会外卖现场搭建与设计

宴会外卖现场搭建与设计要求要比在酒店内部举办的宴会更高。首先,场地设计要因地制宜。宴会外卖的场地地形和环境各异,统筹人员要充分巧妙地利用场地来设计宴会整体布局。例如,需清楚如何设计临时厨房与客人用餐场地的传菜路线、如何将后台食品加工区域与前台客人用餐区域隔离开,划分整个宴会场地的区域时,还要考虑服务团队在什么时间和地点用餐和休息,在相对开放的宴会外卖场地,是否有一个安全的地方供与会客人和工作人员来寄存衣物。

## 二、宴会外卖现场服务

酒店的宴会外卖成功与否很大程度上与团队的合作有密切关系。相比酒店内的餐饮活动,宴会外卖的服务团队要熟悉场地情况,需要与场地的所有者建立良好畅通的沟通关系;同时团队内部之间信息共享的速度以及信息共享的内容更多。宴会外卖的策划与统筹人员要让参加活动的所有人员,可能包括供应商、志愿者、前台及后台的服务团队都清楚宴会活动的进程以及具体的服务要求。

## 三、宴会外卖结束清场

外卖宴会结束后,工作人员一定要把现场清理干净,帮助客户将所有的物品恢复原状,例如移动过的桌椅、沙发等都要归回原位。场地的垃圾也要集中清理干净。外卖服务中场地的清理是留给客户深刻印象的一个重要环节,要特别注意。要在外卖工作任务清单上:列入"场地清理"一项,并要求前台与后台一起检查合格后方能收工。这不仅仅是检查酒店是否有遗漏物品以便装车带回的好方法,同时也攸关未来生意上的合作能否继续。

### 🖎 案例分享

某酒店接受了客户的要求,在湖边的私人别墅中举办高规格宴会外卖活动。由于当时正值台风雨季,活动决定在室内举办。统筹人员在菜单以及别墅内的场地布置上花费了大量的精力,安排酒店的高级厨师以及资深服务人员到别墅内为客人提供服务。别墅一楼入口处的门厅被装饰得美轮美奂,客户非常满意,与工作人员一起在门厅迎接客人的到来。

但客人抵达时，由于别墅入口处的屋檐太低，大巴士无法直接开到别墅的入口处，再加上当时的天气情况很糟糕，通往门厅的道路尽管只有20多米，但鹅卵石铺筑的道路使身着礼服的客人无法下车步行，大巴士只得开到侧门，让嘉宾从侧门下车进入别墅。门厅处的美景无法作为当天酒店员工设计的产品的一部分而为客人带来预期的震撼效果了。

宴会外卖场地设计不同于统筹人员相对熟悉的酒店宴会厅的布局设计，因此应该在策划方面花费更多的心思，需要有经验的工作人员从主办方、与会客人的角度逐一考虑每一个细节，才能确保外卖活动的预期效果。本案例中的活动，就是因为忽略了客人的交通工具上的细节，使得屋檐遮住了晚宴中最好的风景。

（资料来源：朱迪艾伦. 活动策划完全手册. 王向宁等译. 北京：旅游教育出版社, 2006.）

思考：你认为在此案例中，统筹人员忽略了哪些问题？外卖宴会在场地察看时应该注意什么内容？

 **思考与练习**

1. 宴会外卖活动的计价方式有哪几种？你所在区域的宴会外卖形式有哪些？价格标准有哪几种？

2. 外卖宴会场地察看要注意哪些因素？

3. 外卖宴会器皿准备工作有哪些注意事项？

4. 宴会外卖的现场服务与管理要考虑哪些因素？

5. 宴会外卖现场区域划分有哪些要求？

# 第七章 宴会成本控制与促销

**引 言**

宴会成本控制是宴会经营管理的第一要务,它直接影响宴会部门的经营效益。本章主要阐述了宴会成本控制的主要内容、影响宴会成本控制的因素、制定宴会预算的方法等内容。在此基础上,本章还介绍了宴会促销活动的设计与管理以及不同宴会成本控制的具体措施和方法。

**学习目标**

● 了解宴会成本控制的主要内容。
● 知晓影响宴会成本控制的因素。
● 了解不同酒店宴会成本控制的具体措施。
● 能够根据虚拟的酒店宴会经营状况拟订成本控制的方案。
● 了解宴会经营促销活动的设计。

## 第一节 宴会成本控制

### 一、宴会餐饮成本的构成

宴会厅经营的好坏极大地关系到整个餐饮部门甚至酒店的财务收入。一般较具规模的宴会厅,其营业额经常占餐饮部门营业收入的 30% ~ 50%。鉴于宴会在餐饮部门占有举足轻重的地位,许多酒店已经倾向于将内部各餐厅外包给承包商,宴会厅则由酒店经营。宴会餐饮成本的构成包括三个主要方面,即餐饮产品成本、人工成本和经营费用。

#### (一)餐饮产品成本

餐饮产品成本包括食品成本和饮料成本。

餐饮产品成本以原料成本为主,占成本份额较大。餐饮产品的食品原料包括主料、配料和调料。酒店在设计菜单和菜单定价时要仔细核算食品原料的百分比,制定一个合理的价格,既可以吸引客户,又能为企业带来持续稳定的利润。

饮料的成本结构与食品不同。食品成本可以占到20%甚至40%以上,而饮料成本则通常在15%～25%之间。饮料的人工成本低(只需要开启酒瓶等简单的服务),而销售价格高,能为宴会经营带来较高的利润。但酒精饮料若储存不当也会变质,如不要把冷藏后的葡萄酒再放回仓库,温度的变化会降低酒的品质。有的葡萄酒越陈越好,有的葡萄酒像新酒,则即产即销为好。

### (二)人工成本

人工成本是参与餐饮产品生产与销售的所有员工的工资、福利和服装、保险费、餐费等。随着餐饮市场对人才的重视以及我国劳动法律法规的不断完善,餐饮行业的人工成本也越来越成为仅次于食品原料成本的一项重要内容。据估计,目前国内的餐饮行业,人工成本占营业额的25%左右。一些大中城市的餐饮企业人工费甚至接近30%。

### (三)经营费用

经营费用指在餐饮生产和经营中,除食品原料和人工成本以外的成本。具体包括生产和服务设施与设备的折旧费用,如固定资产折旧,燃料能源费用,餐具、用具和低值易耗品损耗费用等。

## 二、影响宴会成本的因素及控制方法

成本控制的任何一个环节都可能产生成本泄漏。成本泄漏点多是餐饮经营管理的一个重要特点。餐饮成本和费用的高低受到经营管理的影响非常大。在菜单的设计、食品原料的采购和加工、食品的储存等环节都有可能存在餐饮成本的泄漏点。

### (一)影响宴会产品成本的因素与控制方法

#### 1. 原料规格

影响宴会产品成本的首先是原材料规格。宴会在菜单的计划和定价阶段要严格控制原材料的规格,要选用符合规格的产品。若使用不符合要求的产品会使菜肴在视觉和味觉上都无法达到使客户满意的效果,企业的信用也会大打折扣。但是成本高的原材料若没有厨师的合理使用和加工,最终的产品质量也未必会好。

#### 2. 验收采购环节

验收采购环节也会影响食品成本。储存不当会造成原材料的浪费,同样增加产品成本。因此,各种食品原料的储存应该有严格的规定,以确保质量。例如冰激凌在外面多放5～10分钟看起来似乎无碍,但是一旦重新冷冻,冰激凌就会由奶油状变成晶体状,改变了原来的质地结构。

对食品原料的采购、验收控制不严格,或者采购的质量过高、数量过多造成浪费,采购的原料质量不高都会提高餐饮产品的成本。同样,储存和发料控制不严格也会增加餐饮产品成本。

### 3. 加工环节

食品的加工环节也非常重要,这一环节中的失误和浪费同样会增加成本开支。例如,如果厨师处理牛里脊肉的技术水准不高,那么酒店最好直接订购处理好的牛里脊。为了控制食品加工环节,酒店厨师长可要求厨师将菜肴的废料放在单独的箱子里,经过检查之后才可以倒入垃圾桶。

### (二)影响宴会人工成本的因素与控制方法

#### 1. 控制宴会厅员工流动率

影响宴会人工成本的首先是员工的流动率。酒店应尽量控制宴会部门的员工流动率,培训一个熟练员工所花费的成本是招聘一位新员工的几倍。其次,根据宴会厅的预订情况和服务规格与标准,有效分配工作时间与工作量,并施以适当、适时的培训,是控制人工成本的最好方法。

#### 2. 使用弹性工作时间

人工成本并非仅限于支付给员工的薪水,还要包括员工用餐、休假、病假、保险、缴纳的税款以及酒店向其提供的其他福利。宴会厅人事费用的控制要考虑淡旺季差异、生意量不固定的因素影响。宴会部门可以根据当地的实际情况来确定人工成本。在确定人工成本前,酒店可以从当地的行业协会、竞争对手处了解情况,同时共享业内信息使酒店业都能从中受益。宴会厅不像24小时经营的餐厅那样有相对稳定的客源,可能周一有300人的自助餐,周二有1200人的中式宴会,而周三宴会厅没有预订。这对于酒店的宴会经营来说是平常的事情,如果按照宴会厅的最大容量计算配备员工,那么宴会厅就会长期处于满员状态,对酒店经营和员工发展都无益。针对这一业务特点,宴会厅倾向于严格控制正式员工数,将在编员工作为宴会厅的骨干员工,需要时招聘兼职人员或计时工一起共同完成宴会服务。这样的做法极大地降低了人工成本,减少了福利支出。如果骨干员工与计时工安排得当,则可以高效、高质量地完成工作。但宴会服务中使用计时工的比例要适当,否则会给宴会服务质量带来不良影响。

#### 3. 合理设计宴会服务产品

宴会产品的设计是控制人工成本的源头。首先,酒店要根据宴会的标准和客户的服务需求合理设计宴会服务产品。宴会菜单设计中,菜肴的数量、菜肴的加工形式、不同规格宴会的服务流程和对客服务标准等都直接影响宴会的人工成本。例如,要考虑宴会部门是否根据客人的消费标准制定了合理的现场服务人员比例,服务商务客人所用的器皿和服务家庭宴会所用的器皿是否相同,是否可以在菜单结构相同的情况下根据不同的服务对象使用不同的器皿;是否可能为商务客人提供每人每份的汤,而家庭宴会则可以考虑用大汤碗,让客人取用;酒店所购进的宴会厅音响设备是否还具有竞争力,能够在很大程度上满足客人的需求;如果类似的电子设备淘汰速度非常快,那么酒店宴会部门是否需要与中介服务公司合作或者将音响服务外包。这些产品设计会在很大程度上影响宴会部门的人工成本。

**(三)影响宴会经营成本的因素与控制方法**

**1. 水电、燃料费用的控制**

以酒店宴会厅的接待规模和出租率来看,其所使用的灯光、空调、运输工具等设施都属于大耗电量的设备;用水量也是一笔庞大的支出。倘若不能够有效控制水电费、燃料费,便很容易增加部门的营业费用支出。

设施的使用控制如下:

(1)场地内光源分区控制(包括前台服务区域与后台操作区域,如厨房等),要合理利用自然光与人工光源。

(2)营业现场内的灯光根据不同时段采用分段式开关,如场地搭建时的灯光控制要求、会后清扫时的灯光控制要求都要有不同的区分。

(3)场地内的装饰灯或大型灯具,如水晶灯,最好应设置独立开关。

(4)场地后台区域应尽量用节能灯。

(5)冷气开关应采用分段调节式,以有效达到控温效果并节约能源。例如,在宴会开始前,准备工作时段仅需启动送风功能即可。

(6)公共场所,尤其是宴会厅配套使用的洗手间,尽量使用感应性能好的节水式开关。

(7)尽量缩短员工善后工作的时间,或合理安排宴会厅的清场工作时间。

**2. 影响器皿损耗的因素与控制方法**

宴会器皿损耗的控制是宴会成本控制的一个非常重要的内容。在实际的管理中,酒店根据自己的经营状况制定不同的规章制度来降低器皿的损耗。

首先,能否正确选购宴会厅器皿是影响器皿损耗的首要因素。宴会厅的器皿选购不同于酒店的零点餐厅。要考虑宴会厅玻璃器皿、瓷器等的清洗方式等对损耗的影响。例如,宴会厅的器皿是否需要更多的装饰?放入洗碗机清洗会对这些餐具上的装饰物产生什么样的影响?宴会厅的器皿是否适合大批量的运输?运送这些器皿市场上是否有合适的运输工具可以购买?

其次,培训也是影响器皿损耗的重要因素。一些经营规模较大的酒店将有关器皿损耗与保养的工作外包给专业公司。由专业公司定期为酒店员工开展相关培训,内容包括器皿的清洁、器皿的保养以及器皿的运输和储存方法等。

最后,大部分酒店依靠规章制度来控制器皿的损耗。宴会厅对于新进员工、洗碗工及临时工都应进行充分培训,同时用收益比例的观念,阐明任何器皿的损耗都必须用加倍的宴会营收方能弥补。有些宴会厅则制定惩处的办法,视情况予以惩戒;有些甚至公布每一件器皿的价钱,使员工心生警惕。

总而言之,成本控制关系到宴会市场的竞争力,餐饮成本控制是经济效益的保障。首先,合理的宴会产品设计和有效的控制制度最终是为了减少浪费以维持最低的成本,并且提供最佳产品质量。其次,在经营管理中尽可能降低人工成本,以增加营业利润。最后,全面培训员工,在为客人提供更好的服务的同时,掌握科学利用宴会器皿和工具的方法,将经营成本降到合理的水平。

# 第二节　宴会预算制定

## 一、宴会部营业预算编制措施

### (一)预算管理的重要性

预算管理是越来越多的企业不能缺少的重要管理模式。通过分析用户需求、市场定位、市场竞争情况、宏观经济指标以及内部经营统计数据等,进行年度各项业务收入及相关成本费用预测,制定预测报告,并以此为起点编制业务收入预算。营业预算是宴会会议部门经营活动的蓝图,制定宴会部门的营业预算不仅要依据酒店或集团的经营战略目标,还必须经各相关部门的协商讨论才能最后确定。

有营业预算作为参考,管理人员可以随时把它与实际业绩作比较,了解部门的经营状况。预算与实际数字之间的差额称为偏差。企业都希望获得更多的收入,支出越少越好。但是预测的数字不可能正好等于实际数字。对于较大的偏差,酒店要引起重视并采取措施,找出偏差存在的原因。

### (二)实现宴会部门经营预算目标采取的具体措施

同酒店服务关注细节一样,宴会部门要确保针对一线服务员工的服务管理及服务细节有切实可行的细致的措施,建立健全各项成本消耗登记制度;积累和收集建立标准成本管理所必需的基础数据资料,通过抽样整理、定期更新等方式合理确定消耗定额;应对重点成本费用项目进行细化。

强化责任中心的预算编制是一项非常有效的措施,即在预算编制时,请编制的主体、考核的主体、执行的主体全程参与其中。这种做法不仅有利于信息的传递,而且可以提高员工的参与度和对预算的认同感。

宴会管理者理念上的更新也是影响成本控制的重要内容。随着科技的发展和消费者消费意识的改变,管理者成本控制的思路应该从初级形态如节省成本的理念转变到高级形态即战略上的变革。成本节省是力求降低成本支出，采取的措施如节约能耗、防止事故等，是管理者战术上的改进；而较高形态的成本管理的理念则是降低部门在产品的开发、销售阶段的成本，以及通过合理设计宴会产品、减少不必要的操作环节来达到成本控制的目的，是管理者战略上的变革。

## 二、宴会厅营业额的预算编制考虑因素

从宏观角度看，制定宴会部门的经营预算应先进行未来经济环境和市场环境分析。例如，宏观经济形势的分析与预测，包括国家政策对行业的影响、行业相关政策对酒店业务的影响、市场竞争形势的影响、竞争对手的基本情况及策略信息等。在此基础上制订部门的经营预算计划，主要内容是宴会部门各项业务量预测、各项业务收入预测。

### （一）社会习俗对宴会预算的影响

从实施管理的角度看，在制定宴会厅年度的营业收入目标后，应该将年度营收目标分解到每季或者每月，以便在目标实施过程中部门可以随时监管及调整管理策略。在分解细化宴会厅的营业收入目标时，应注意宴会经营的淡旺季区分。在编制营业预算时，首先要考虑当地的岁时节庆民俗以及大型节事活动对宴会经营的影响。

#### 1. 节庆活动对宴会预算的影响

岁时节庆民俗具有明显的时间规律性、地域性、民族性以及形式内容多样的特点。只有考虑到这些民俗活动的以上特点，宴会部门的本年度预算才具有可操作性。例如，二十四节气尽管形成于中国传统农业生产民俗，但随着历史的变迁，已经形成了中国人特殊的时间、季节、物候等方面的思维习惯。在我国，尽管新的历法实施已久，但几乎遍及所有民族的传统节日都有春节、元宵节、中秋节、腊八节、重阳节、端午节等。挖掘这些节日所蕴含的文化形式、内容底蕴历来都是各地宴会活动策划的最佳着眼点。

例如，春节对中国人而言，无疑是最隆重的节庆之一，许多宴会厅的营收都受春节的影响。通常，春节前一个月往往是公司年会和结婚喜宴最多的时候，宴会厅几乎天天客满。春节过后的半个月内，生意就远不如春节前的盛况。尤其在除夕至元宵节期间，宴会厅极少接到大型餐饮活动，但是小规模的家庭聚会在此期间非常盛行。由此在编列年度预算时，必须了解每年春节对应的新法月份，并加以调整。

此外，一些节日活动在某些地区还发展成为独具特色的民俗节庆旅游。例如，北京的龙潭庙会、福建湄州的妈祖节、江浙一带的端午节等，对当地的经济及餐饮活动都产生极大的影响。除传统节日外，随着国际文化交流频繁，源于西方的节日

也受到越来越多年轻人的欢迎。例如,每年元旦在一些大型城市流行的迎新倒计时活动、圣诞活动、情人节等也吸引宴会部门推出各种促销活动。

**2.民间禁忌对宴会消费的影响**

宴会活动很大程度上承载了当地的文化与习俗,对制定宴会部门营收预算有着直接影响的不仅仅是节庆活动,还有民间的一些禁忌。例如,清明节、农历七月、闰月以及每年4月份等特殊时节,当地客源的消费倾向也是必须考虑的重要因素。

例如农历七月半,俗称鬼月,中国人有避讳在此月份举办喜宴的倾向,宴会厅的营业状况因而深受影响。所以宴会部门在编列预算时,需考虑农历七月所对应的阳历月份,稍作调整。譬如,1998年农历七月在8月22日至9月20日之间,1999年农历七月则在8月11日至9月9日之间。如上所述,1998年的农历七月有10天落在8月份,而1999年则有21天落在8月份,由此可知宴会厅于1999年8月份的营业业绩将会比1998年8月差,但1999年9月份的业绩则会比1998年9月份好,这些因素均可作为编列预算的重要参考。

清明节虽已定为国家法定假日,但是民间都有在此时出游祭祖的习惯,极少有喜筵的预订。此外,中国人不喜欢在闰月或盛夏时节结婚,所以在分解每月或每季的预算编列时,是否恰逢闰月也是需要考虑的因素之一。

随着经济活动的发展以及旅游业的强力推进,越来越多的地方开始构建具有其独特文化内涵的节事活动,这些活动也对当地的宴会活动产生很大的影响。

**(二)宴会预算与零点餐厅预算的差异**

从部门具体管理内容上看,宴会厅营业额的预算编制考虑因素与零点餐厅有差异。宴会成本分析的主要依据是菜单,一般宴会的菜单都有标准的食谱,因此菜单标准成本与实际成本的分析是宴会部门成本分析的重要依据标准。根据标准食谱可以计算菜单的标准成本。酒水的销售比率、食品销售比率以及存货周转率对宴会成本分析的作用相比零点餐厅要小很多,但每个酒店根据实际情况也要给予适当考虑。

此外,在估计每餐座位人数、周转率以及每餐每人平均饮料和食物的消费价格的同时,宴会厅的营收还需考虑场地及器材的租金收入,将各项产品收入汇总,作为宴会部门年度营业收入预算。

# 第三节　宴会促销活动

## 一、宴会促销对酒店经营活动的影响

宴会促销是酒店经营管理中的重要内容,是宴会产品销售的重要形式。餐饮促销的实质是一种沟通、激励活动,是从客户需求角度出发吸引其消费的重要销售手段。宴会,在满足消费者的饮食需求的同时,其社会功能也是不可忽视的重要方面。宴会促销在企业的经营活动中发挥着极大的作用,使潜在客户了解宴会产品,扩大知名度,增加销售额。

现代酒店产品销售越来越受到促销活动的影响。"酒香不怕巷子深"的年代已成过往,人们之间信息的传递方式以及生活方式的改变,促使酒店通过多种渠道和方法,结合自身宴会产品的特点,传播产品的信息来保证其市场地位。

此外,酒店的宴会市场多依赖地区性经营,合理的促销活动更符合地区的民俗风情和地区的经济特点。促销不但使宴会营业额有不同程度的增长,也能有效提升酒店的形象。如果酒店举办过大规模的商务宴会甚至高规格的国宴,宴会所带来的影响与口碑对经营就非常有利。

总而言之,宴会促销能够加速其占领市场的进程。尤其是当客户对宴会产品还没有足够了解的情况下,通过合适的促销形式可以在短时间内为新产品开辟销路。另外,宴会促销能够帮助客户建立购买习惯,提高客户的忠诚度,有效地维持或扩大市场占有率。就竞争日益激烈的餐饮市场而言,当新的竞争者发起大规模的促销活动时,其他竞争者如果不采取相应的市场行为,往往会损失已经占有的市场份额。

## 二、宴会促销方式

酒店宴会的促销应该结合自身经营定位、综合资源状况等,设计相应的产品信息吸引消费者。任何一种促销活动都不可能"全面开花",酒店可以选择多种促销手段。

### (一)媒体与网络宣传

为了扩大宴会产品的知名度,酒店会选择在广播、报纸和杂志等媒体上做宣传。选择电视媒体的宣传费用相对较高。对于与媒体合作的程度各酒店的策略不同,但是国际酒店经营管理公司在媒体宣传上比单体酒店更具优势。

此外,越来越多的酒店重视网络营销渠道的开发。网络营销本质上来说是服务经济,是一种个性化的服务方式,它可以缩短整个餐饮经济的中间环节,降低交易成本。餐饮网络营销是传统营销的延伸,随着网民数量迅速增长,餐饮网络营销已成为餐饮行业营销的新阵地。

迄今为止,餐饮业的网络营销主要有餐饮点评模式、餐饮搜索模式、餐饮预订模式和大型连锁快餐企业网站。餐饮点评模式的特点是建立大众参与的第三方餐饮信息分享平台,即消费者用餐后自由发表消费评论、分享消费信息的综合平台。如大众点评网(www. dianping. com)、口碑网(www. koubei. com)等。

餐饮搜索模式是网站建立了当地餐厅基本信息数据库。网络订餐模式囊括丰富的餐厅信息,为消费者提供站内查找搜索服务,同时为网民提供在线预订和折扣优惠。网站提供的增值服务是餐饮文化介绍和网民上传的原创性评论内容。

餐饮预订模式即相当于餐饮业中介,为消费者提供便利,给消费者提供折扣,吸引消费者使用网站预订餐厅,再以庞大的消费者数量吸引餐饮企业,为餐饮企业带来客源、提供宣传渠道,并向餐厅收取宣传费用。如订餐小秘书(www. f9114. com)等。对于大型连锁快餐企业网站只有大型餐饮企业才有人力、财力建设此类网站,它除了提供网络的宣传平台以外,还向网民提供网上订餐送餐服务。

酒店宴会产品中,自助餐的促销更多通过第三方网站或者自有网络媒介平台接受预订或者团购的形式。但是酒店要有针对性地对网络团购进行有效管理,避免人数太多或消费层次太杂,影响酒店其他客人的就餐体验。对婚宴产品的销售,酒店可以选择与相关网站合作。除提供信息及优惠折扣外,还应该重视与最近几年越来越具有影响力的专业婚宴网站合作。如到喜啦(www. daoxila. com),还有每年一届的婚博会,这些都能对酒店的宴会产品起到很好的宣传作用。

总而言之,网络营销可以起到传统的营销方式所达不到的效果,同时也为餐饮行业提供了一种具有革命意义的营销武器,其带给餐饮行业的营销效果非常明显。利用网络建立有效的信息系统以及开发有效推荐系统,同时发挥网络的互动作用,是未来宴会促销模式的必由之路。

### (二)折扣促销

折扣促销也是酒店根据淡旺季采取的较为常见的促销手段。对宴会经营来说,促销的方法要照顾客户群的需求。例如,对于婚宴客户,酒店大多采取特定时间消费金额折扣、赠送蛋糕或增加免费的服务项目等方法。对于商务客人,宴会部门可以利用企业的折扣券、积分卡、赠送酒店消费券等形式促销。如,自助餐经营中很多酒店都采用过"二免一"或"三免一"折扣价;部分酒店在周一至周五自助餐预订价格上给予折扣,折扣幅度在8～8.8折。部分酒店在淡季会采取与银行或商家短期合作的方式,给客户的折扣最大达到5折。但是银行和商家也需要承担一部分费用。部分酒店以贵宾卡充值的方式打折,幅度在7折以上。

### (三)定期推出宴会主题产品

有些酒店会利用固定时间、法定节假日等机会开展促销活动。例如,酒店每周末开展赠送、折扣活动,每月推出特价菜式、酒水等。

对于一些周年庆典、特殊纪念日或中秋、国庆、端午传统节日,酒店会开展主题宴会产品的推广优惠活动。节日的优惠不仅仅限于中国的传统节日,圣诞节晚餐、情人节套餐、万圣节晚宴也是酒店进行促销的好机会。

此外,很多酒店在宴会菜单设计时都重点宣传某一特色菜肴或珍稀菜肴,借此吸引一定的目标客户。例如,有的酒店自助餐菜单中会重点宣传"帝王蟹"或高端流行品牌的冰激凌。有的酒店根据时机推出"长江刀鱼宴"。刀鱼、鲥鱼、河豚、鮰鱼并称为"长江四鲜",而其中刀鱼的产量最少且上市时间最短。上市期间每斤刀鱼的价格接近千元,酒店借机以刀鱼为主打产品进行宴会促销。

部分酒店会举办美食节活动,但总体来看效果并不理想。如有的酒店曾举办"墨西哥美食节"、"西班牙美食节"等,除了在宴会厅的布置装修上有一些异国风情的饰物外,客人很难体验到地道美食并享受异域文化。

### (四)注重全员促销

店内促销即在酒店内部推广宣传宴会产品的活动。很多的酒店会忽视店内促销这一环节。店内促销的主要目标群体有两类,酒店内消费客人和酒店内部员工。大部分酒店都不支持员工在本酒店餐厅内用餐,但是对婚宴这类的宴会产品,员工及其亲友也有着不可忽视的消费能力。酒店对于员工介绍的婚宴消费给予一定的折扣优惠,将员工及其亲友也列入宴会产品促销的目标市场。

## 三、宴会促销策划管理

宴会的促销概括来说有重点产品介绍、美食节活动以及优惠促销活动等。

宴会促销策划管理的关键首先是主题策划。主题的策划决定了整个活动对客户,即市场的吸引力和影响力。主题也是宴会促销布局、服务形式以及销售方式的中心内容。在宴会产品促销策划时,必须根据酒店经营的短期、中期和长期目标,考虑目标市场的消费能力。同时,还要考虑酒店宴会促销的市场表达方式,寻找能使市场关注的"卖点"和"亮点"。在把握餐饮市场行情及竞争对手信息的基础上编制促销计划。

其次,无论宴会产品采取何种促销模式,都要充分地把握促销的形式、促销的时机、客户的需求、酒店总体产品的组合销售和可利用状况。要注意以酒店自身宴会产品推广的有利时机为契机,利用国内外各种有影响的家喻户晓的节日,利用所在地区的各类商贸活动或重要的经济活动,宴会产品的宣传促销才能起到事半功倍的效果。

总体来说,宴会促销要注意管理策划和理念上创新。随着餐饮市场的日益成熟,价格因素的影响将逐步减少,而品牌的力量和产品质量的决定作用则日益凸显。餐饮促销是市场发展、市场竞争的需要,对于宴会产品参与市场竞争、进行市场跨越、稳固和强化市场地位显得非常重要。

例:某企业年底促销计划

| 月份 | 促销主题计划 | 月份 | 促销主题计划 |
|---|---|---|---|
| 1 | 新春团圆餐 | 7 | 夏日冰激凌美食节 |
| 2 | 时令菌类美食节 | 8 | 消夏户外冷餐会 |
| 3 | 热带风情美食节 | 9 | 中秋佳节团圆宴 |
| 4 | 长江鱼宴 | 10 | 民俗旅游美食会 |
| 5 | 端午民俗风情美食节 | 11 | 海派经典宴 |
| 6 | 婚宴促销月 | 12 | 圣诞情人套餐及迎新套餐 |

☞ 案例分享

## 大闸蟹美食促销计划

1. 活动背景

秋高气爽的季节正是蟹肥膏美之时。酒店在金秋十月推出大闸蟹美食促销计划。大闸蟹的产量不多,一年仅一次。9月前吃产卵前的母蟹,10月北风起时吃公蟹。以上海阳澄湖的大闸蟹味道最为鲜美,其生长缓慢,一年最重时为六两,需要水质好及水温保持在20℃的环境。

2. 活动建议

(1)酒店对外宣传促销期间的大闸蟹为从上海阳澄湖空运;

(2)宣传大闸蟹选蟹的方法、烹调方法和保存方法及营养价值;

(3)培训具体的大闸蟹服务方法——吃大闸蟹的"四不吃"(蟹鳃、蟹嘴、蟹心及蟹肠)、"服务六步法"、"酒水搭档"。

(4)大闸蟹的具体吃法——拍摄相关吃蟹的视频,循环播放;

(5)酒店大闸蟹促销相关奖励措施。

案例分析:宴会经营作为酒店餐饮经营非常重要的一部分,其主要仍以酒店所在地区市场为主要销售对象。酒店宴会菜单的设计不仅仅要有当地的特色,宴会的促销活动也要考虑当地的节日、民俗风情、土特名产,这样的宴会促销策划才能真正具有影响力。

(资料来源:钟华,刘致良.餐饮经营管理.北京:中国轻工业出版社,2011.)

思考:你认为在此宴会促销活动中考虑了哪些因素? 这些因素对活动促销有何影响?

**思考与练习**

1. 宴会成本控制的内容有哪些?

2. 哪些因素会影响宴会成本?

3. 影响宴会器皿损耗的因素有哪些? 酒店通常有哪些具体的措施降低损耗?

4. 宴会营业预算编制要考虑哪些内容?

5. 不同区域的习俗对宴会的营业预算制定有哪些影响?

6. 宴会促销的方法有哪些? 促销管理的关键是什么?

7. 结合实际案例分析酒店宴会如何灵活运用餐饮促销方式,你所在地域的酒店宴会经营是如何选择有效促销时机的。

8. 你所了解的美食节促销有何优势?

## 第八章 中西宴会礼仪文化与未来宴会发展趋势

**引　言**

　　宴会的礼仪与文化是一个国家文化的反映。文化是不断发展、融合的,而礼仪文化也在不同时代有着不断变化的内涵。本章首先介绍了中西宴会的不同礼仪,在此基础上分析和比较了其不同礼仪所承载的文化意义,并且详细分析了中式宴会的现状,探讨了未来宴会发展趋势。

**学习目标**

- 知晓中式宴会的礼仪及文化。
- 知晓西式宴会的礼仪及文化。
- 知晓中西式宴会礼仪的不同。
- 了解中式宴会的现状。
- 了解未来宴会发展的趋势及面临的问题。

## 第一节　中西式宴会礼仪文化

### 一、中餐宴会礼仪

　　古人强调"设宴待嘉宾,无礼不成席"。传统的宴会习俗随着社会的进步发展以及文化观念的改变,其表现方式已经有很大变化。但是迎送待客的礼仪内涵仍然延续至今。首先,主客共餐,主人要待客宴饮,引导陪伴。上菜的顺序依然保持传统,先冷菜后热菜,先炒菜后大菜,搭配点心和甜羹。座位的安排也是"以右为尊",一般以长幼、辈分以及职位来安排座位,将重要的客人安排在面对正门的席位。无论宾客,宴会礼仪都强调形体语言和规范,要走有走相,站有站相,坐有坐相,吃有吃相。这些程序不仅使整个宴会过程更加和谐有序,同时也使主客情感以及身份得以交流体现。

### (一)筷子使用礼仪

筷子是中国人最主要的就餐工具,中国人用筷子进餐至少已经有3000多年的历史了。

先秦的古人进餐,饭是放在大的容器中,以手抓食。但食物经过加工后,熟食烫手,人们就借助竹枝或树木的枝条来夹取食物。久而久之,就形成了今天的筷子。汉朝以后,筷子就被普遍使用了。

在先秦的文献记载中称之为"箸"。最早以竹子作为材料,因为"箸"与"住"谐音,听起来有停滞不前的意思,故反其意称为"快",寓意人们对美好生活的向往。宋代以后又在"快"字上加了"竹"字头,因此才有了今天的"筷"字。

现代宴会用餐过程中不能把筷子放进嘴里舔、咬或是剔牙;也不要用筷子敲击碗勺,不要把筷子插在食物上。用餐过程中若交谈,忌讳用筷子指指点点或用筷子指向他人。用筷子夹菜时不能接二连三地夹取,也不可以"跨筷"或"移筷"。"跨筷"是当用餐的时候,把筷子跨放在碗或碟子上面;移筷是指夹了一个菜后,不夹进自己碗里,而是放回盘子又去夹另一个菜。若在一个盘中夹取食物,要注意取菜的分量和速度。

### (二)中式宴会进餐礼仪

中式宴会喜欢热闹,主客通常相互敬酒表示友好,活跃气氛。但宴会中切忌饮酒过量,主人敬酒,客必起立承之,客人最好也回敬。

赴宴时应听从主人的安排,端庄就座。如果宴会的人数较多,应先了解自己的桌次,按照排位顺序寻找自己的座位就座,不要随意乱坐。

中餐宴会中的菜肴品种和规格各异,食物中的骨头、鱼刺,不要直接往外吐,应用筷子取出,放在盘内。未吃完的菜肴、用过的牙签等都应该放在盘子里,切忌放在桌子上。

吃东西把嘴闭上,喝汤不要出声。如汤太烫,不要用嘴吹。嘴里塞满食物时不要与他人说话。一般中餐宴会中吃鱼不能翻鱼身。若非要用牙签剔牙时,应用手掩住。最好不要中途退席,主人宣布宴会结束,客人才可离席。

## 二、西餐宴会礼仪

### (一)刀叉使用礼仪

西餐宴会中,每吃一道菜用一副刀叉。摆在餐盘左右两边的刀叉按照从外向内的顺序依次取用,刀叉的摆放顺序就是上菜的顺序。西餐中右手拿刀,左手拿叉。刀是用来切割食物的,不要用刀挑起食物往嘴里送。牙齿只碰到食物,不要咬叉。勺子用来喝汤或盛碎小的食物,汤勺的使用方法应该是由内向外侧舀起,防止汤汁洒落在外。使用餐具时要轻,用餐过程中餐具发出声音是很不礼貌的事情。用餐过程中交谈不要挥舞刀叉。

西餐用餐中很少见到客人不停地招呼服务人员忙这忙那,这是因为人们在用餐中普遍使用"刀叉语言",使服务人员与客人之间有种默契。如,用餐结束后,刀叉平行摆放在餐盘的一侧或摆放成4点~10点的方向,就表明服务人员可以撤走餐盘。但是,在西餐宴会中,只要主人或主宾一道菜肴用毕,服务人员就要将菜肴撤走,服务下一道菜肴。

**(二)餐巾使用礼仪**

西餐厅内的餐巾大部分是以没有折痕、皱褶的折叠方法置于桌上的。通常在点完餐后再打开餐巾,一开始入座后就打开餐巾是不符合用餐礼仪的。一般在点完餐,第一道菜肴尚未被端上桌前,可将餐巾打开。但在正式宴会中,一般要等女主人做完此动作后再跟进。餐巾轻轻打开后对折并将开口向外放在膝盖上。餐巾是可以弄脏的,但不可以用来擦鼻涕或口红。在用餐过程中取出自己的餐巾纸或手帕使用是违反餐桌礼仪的。用餐结束后,应该将餐巾折好放在桌子上再离开,切忌把餐巾挂在椅背上或揉成一团随意乱丢。

餐巾若掉在地上,可以请服务人员拿一块新的,客人不要趴到桌子下面去捡。

正式宴会中,只要女主人将餐巾置于桌上,即表示宴会结束。

**(三)西餐用餐礼仪**

**1.西餐餐桌礼仪**

西餐宴会用餐时端正挺坐,用叉把食物送入口中,不要弯腰低头地趴到桌上,那是非常失礼的。万一吃到太烫或者太辣的食物,立即喝水或饮料来缓和,不要立刻吐在盘子上或桌子上。

西餐进餐时,不要在尚未品尝第一口菜肴之前,就加调味料进去,这样做是很不礼貌的。需要切割盘中食物时,只要切下适合一口的分量及大小即可,不要把整盘食物都切完后再用。

西餐的主食是面包。吃面包时,先把适量的奶油放在面包盘上,用手撕下刚好一口大小的面包,将奶油涂在面包上食用。不要直接涂满整片面包然后再一起食用。面包直接用手掰或手撕,不要用刀切。

餐具暂时不用时或交谈时,可以放在餐盘内或餐盘的边缘。不要一端靠在盘上,一端靠在桌面上。

**2.酒会与自助餐礼仪**

(1)自助餐礼仪。西式自助餐一般按照西式套餐的程序拿取菜肴,一般是先冷开胃菜,再热开胃菜,然后是汤、主菜、色拉,最后是甜品。千万不要把冷热、甜咸都放在一个盘子里,那样既不能品尝到食物的美味,也有失礼仪优雅。

吃自助餐切忌浪费,要按照自己的食量取菜,不要一次取一大堆,吃不完剩下浪费。

取自助餐的每道菜肴都有专用的取菜夹子或勺,不要用自己的餐具去取菜,也不要图自己方便,用一个夹子去取多个菜肴。每个菜夹用完后要放回原处。

夹取食物时,不要在盘内挑拣食物,也不要把放到自己餐盘内的食物再放回去。不要在自助餐台边取菜边品尝,要拿回座位后再开始吃。

(2)酒会礼仪。酒会通常为站立式,重点不在吃饱,而在与来宾交流沟通。酒会的场地会设立少量的座位,让年长者或疲劳的人稍事休息。尽量不要长时间占着座位不离开。参加酒会一定要空出右手,以便与人寒暄。因此,无论饮料还是食物都不可以拿太多。餐盘和叉子要以单手拿,方法是把叉子放在盘边,再用拇指压住。如果还要拿饮料,则可以用大拇指和食指夹住餐盘,将杯子放在手掌上,用另外三指夹住即可。

### （四）西餐咖啡及甜品礼仪

甜品要使用点心匙,最好从身前的部分开始用。宴会中的冰激凌通常还配有饼干。可以用饼干舀起冰激凌或者把饼干放在冰激凌里面一起吃。

喝热咖啡时,应该先放糖,再放奶,这样糖比较容易溶解。勺子是搅拌咖啡或茶的,不能用勺子舀着喝。搅拌好后勺子应该放在旁边的底碟上,不要随处放也不要用嘴巴舔干净。要注意不要把咖啡勺一直放在杯子里面,否则喝时咖啡或茶可能顺着小勺流到脖子里。

西餐宴会中的咖啡、茶都是与碟子和杯子配套使用的。若在餐桌旁用咖啡和茶,只要端起杯子喝即可。若离开餐桌较远,最好一只手持碟至齐胸高度,另一只手持杯饮用。

红茶类饮品可以加奶成奶茶,或加柠檬成柠檬红茶饮用。但是若红茶中又加奶又加柠檬,酸会使牛奶凝结,使整杯茶看起来很不干净。

实际上,无论是中餐礼仪还是西餐礼仪都并不复杂,是约定俗成的习惯,也是合理化的规则。让用餐的客人在不对他人造成困扰的情况下,用较为优雅的方式进食。如果把握这样的一个基本原则,那么任何一场宴会都不会使与会者感觉忐忑不安,都能对自己的行为举止有安全感。餐桌是观察一个人教养的好地方,遵守餐桌的礼仪规范,并不是要卖弄自己的修养。真正懂得礼仪的人是能够为他人着想,无论是宴会规格高低、无论是名流荟萃还是公司同事的聚会,无论身边的人是否懂得礼仪,都能态度自然、得体,令人感觉舒服自在。

### 三、中西式宴会礼仪文化比较

俄罗斯著名的生理学家巴甫洛夫说："食物是人类全部生活的具体体现,是一切动物,包括人类与周围发生关系的具体体现。"

饮食是民族性的反映,人们往往可以从一个民族的饮食文化中,判断出其发展水平。不同地域、不同宗教、不同民族孕育了不同的饮食文化。中国长期以来以农业为基础,奠定了深厚的饮食文化基础。自古以来的圣贤名仕都深知饮食对人们文化及生活的重要性。如,孔子就说过"饮食男女,人之大欲存焉"。毛泽东说过,中国对世界有两样东西是有贡献的,一是中国医药,一是中国饭菜。饮食也是一种文化。孙中山在《建国方略》中说:"我国近代文明,事事皆落人之后,唯饮食一道之进步,至今尚为文明各国所不及。"饮食与礼仪的关系也可以简单地表述为,礼仪是借助饮食的外在形式来表现其内容,而饮食则利用礼仪来实现其外在的文化功用。

宴会礼仪作为礼仪的一个重要部分,有着至关重要的作用和意义。比较中西方宴会的礼仪不难发现,宴会礼仪是社会生活的缩影。如,中国自古以来都有"礼终而宴"的说法。因此在我国宴会礼仪中有诸多详细的规定,如,"待客之礼"、"进食之礼"、"侍食之礼"等;同时还对宴饮的规格、宴席的座次以及餐具摆放和注意事项都做了详细的说明。

中国的饮食文化与儒家的思想有着密切的关系,而西方的饮食习惯则与宗教信仰有密切的关系,从某种程度上,饮食礼仪也指引人们对宗教信仰的认知和领悟。同时由于社会背景不同,中西方的餐桌礼仪也同样体现着这一差异。中国的饮食习惯更倾向于显示对长者以及对集体观念的服从。而西方的宴饮礼仪则与宗教规定有密切联系。

无论中西餐宴会都有其主题和目的,但两种宴会的就餐氛围不同。中餐宴会以"动"为主,讲究热闹;而西餐宴会则注重环境和气氛,以"静"为主。中国宴会全体围坐,聚餐共食,一盘菜可以为大家共享,在这种氛围下,可以最大化地利用就餐空间和机会,建立与多人的联系,一个餐桌就是一个微型社会。因此中国人的共食制度中,人际关系显得更为重要。而西餐中,每人每道菜肴都配有相应的餐具,与会客人点自己所需要的食物,同时还可以决定食物的分量、烹调方法等。中式宴会的饮食与礼仪更加凸显中国人的重人情关系,重群体而轻个体,而西餐中更加注重个体的自由平等。

综上所述,从中西宴会用餐方式、使用餐具以及餐桌氛围的不同,可以看出宴会礼仪以及文化的区别。随着全球化程度逐渐加深以及中西方文明的不断交汇,中式宴会礼仪文化与西式宴会的礼仪文化还在不断地融合,其差异性也逐渐改变。

了解中西宴会的礼仪与文化,对于宴会的策划和运行管理都有重要的影响。

# 第二节　未来宴会改革与发展

## 一、中式宴会现存弊端

### (一)菜肴数量和结构失调

首先,受到传统观念的影响,中式宴会喜欢以菜肴数量的多少来衡量宴会主办者的待客之礼。菜肴越多,酒水的消耗量越大,才算尽到"地主之谊"。因此常常有宴会菜肴数量太多,每餐都剩余的浪费现象出现。

其次,传统宴席菜肴丰盛,选用原料以荤菜为主、以珍稀为贵,菜品结构的营养失衡。过剩的营养摄取,贫瘠的膳食知识,这是中国国民膳食的两个极端。菜点结构失调必然导致就餐者所摄取的脂肪、蛋白质、糖类的实际量大大超标,而人体所必需的维生素、矿物质又缺乏,造成人体所需的各种营养素比例严重失调,使很多人患上如高血脂、高血糖、高血压等"富贵"疾病。

### (二)进餐氛围和方式有待改进

首先,中式宴会的进餐氛围总是力求"热闹"。主人为表殷勤,动手给客夹菜、不停地劝酒,越来越多的人已经不愿意接受这一餐桌文化。在不同的时代,人与人之间的交往以及沟通方式都会改变。在改革开放三十多年后的今天,社会的文化、意识形态以及每个人对个体的注重,使得主客之间在宴会上互表情谊的方式更加多元化。婚礼形式、宴会厅的主题风格以及中西菜肴烹饪文化都在进行着一个"全球化"演变。

其次,中式宴会习惯同桌共食,尽管越来越注重用餐卫生习惯,但还应该改进就餐方式,提倡更加卫生的分食就餐方式。可以由服务人员或客人通过使用公共餐具分配菜点,或者采取由厨师分餐、就餐者自行分食制等多种方式。

### (三)消费理念有待改进

中式宴会上自"周代八珍",中至唐代"烧尾宴",下至清代"满汉全席",及至现代一些商家推出的"豪门宴",所用原料稀少珍贵,稀奇古怪甚至搜奇猎异。随着人与自然环境的不断变化,宴会消费也应倡导绿色、环保的理念。而且酒店作为"社会公民"已经需要承担越来越多的社会责任,绿色、环保消费是酒店在设计产品、符合消费者需求时不得不考虑的要素。

## 二、未来宴会的发展趋势

2011 年我国餐饮业的营业额已达 20635 亿元,占当年社会消费品零售总额的

11.2%。但是餐饮业在经过多年的快速发展后,已经开始出现疲态。中国烹饪协会最近发布的《2012年上半年餐饮行业形势分析》数据显示,2012年上半年我国餐饮业的增速比去年同期回落了3个百分点,是2004年以来的最低值。这固然与近期国民经济增长速度放缓、居民整体消费增长下降、政府限制"三公"消费有关,同时,餐饮企业成本上升导致餐饮价格不断攀升也从一定程度上抑制了居民消费,但是居民饮食消费观念的改变,或许也是一个尚未引起人们重视的因素。

宴会改革最大的阻力和困难是传统的饮食观念和伦理观念。宴会自其诞生之日起就具有明显的社会功能,而未来宴会的形式将越来越灵活,无论办宴者还是赴宴者将更加注重宴会的社会功能,注重宴会的主题设计;与此同时,对菜肴的搭配和营养健康提出更高的要求。综合来看,未来的宴会发展趋势主要有以下几方面。

### (一)更重营养健康

人的饮食消费心理经历了四个层次,可以用形象的语言概括为:用"肚子"吃(果腹、填饱肚皮),用"嘴巴"吃(吃味道、满足口福),用"眼睛"吃(吃文化、吃感觉、吃体验),用"脑子"吃(吃营养、吃健康长寿)。现代人的宴饮消费心理首先是吃"卫生"、吃"安全"、吃"健康",其次是吃"饱"、吃"味"、吃"好",进入到更高层次的是吃"雅"、吃"趣"、吃"体验"。宴会参加者已经越来越喜欢食用既有味觉吸引力,又富有营养、低胆固醇、低脂肪、低盐的食物。仅从色、香、味、形的角度来考虑宴会食物的搭配已不能满足市场的需求,宴会食物结构必然朝着营养化的趋势发展,绿色食品、保健食品将会越来越多地出现在宴会餐桌上,膳食的营养价值将成为衡量宴会食品质量的一条重要标准。同时营养健康也表现在食品原料及就餐方式的改变上。例如越来越多的宴会都提倡分餐制,过度的饮酒、浪费等现象将逐渐摒弃。四季酒店就曾针对会议客人推出新菜单,特点为热量、胆固醇含量较一般的菜肴低,但味、形依然保持原有特色,满足了客人在营养保健和口味方面的要求。有的酒店则在菜单中每道菜肴的下面注明了各种营养成分的含量或"无盐"、"低热量"以及"不含糖"等。

### (二)宴会更重设计,强调文化品位

**1. 未来的中国宴会将重"会"轻"宴"**

传统的中国宴会更加注重其"宴"的功能。传统宴会举办者都要使赴宴者"食而有余"来体现其热情,浪费惊人。随着人们生活水准提高和观念改变,人们重在"会"上创造一个与交往目标相称的宴会氛围,利用宴会这种特定的聚会方式,表达礼仪和进行交流。正确和合理选择和设计宴会方式,有利于人们之间思想、感情、信息的交流和公共关系的改进发展。

宴会的形式会因人、因时、因地而异,发挥其"会"的功能。宴会的地点、场所会变化多样,举办的场地可能会选择在室外的湖边、草地上、树林里,即使在室内,

也要求场地布置创意独特,突出主题,更好地为与会者之间的交流创造条件。

**2. 未来宴会更具有民族和地方特色**

在国际化交流越来越频繁的今天,举办一场国际意义上的常规宴会,对许多酒店来说已经不是一个难题。但一场好的宴会一定是在达到国际宴会水准基础上成功地将地区文化、地方文化糅合其中,在反映民族特色和地域文化的同时,使赴宴者欣赏其构思的巧妙和迥异的风格,做到在品尝美食的同时领会不同的文化,将"宴"与"会"完美结合。例如北京的昆仑饭店在对客人的服务中,强调文化品位,其底楼茶廊的设计融合了多文化、多风格的装饰,巧妙地利用异国文化创造出令客人心动的"家外之家",使客人有难忘的就餐体验。

## 三、未来宴会发展面临的问题

未来宴会行业面对的问题也是餐饮行业中较为突出的人力资源问题。餐饮行业是劳动密集型行业,而且是人均劳效相对较低的行业。据 2011 年餐饮行业协会的报告显示,平均每人每年创造的营业额仅在 10 万元左右,工资和福利性开支每人每年已达到 2.5 万元以上,对企业来说是巨大压力。而上海的人力资源短缺问题尤其严重。初步测算在上海有 50 万人从事餐饮业,其中 80% 左右为外地劳动力。为了稳定劳动力,上海餐饮业员工工资水平比几年前已经翻了一番,但还是缺少吸引力,员工难招、难留已成为普遍现象。餐饮业的发展需求促使当地餐饮业工资水平已接近甚至高于上海。最近几年国家调整相关政策,人工费用又要有较大幅度上涨。综合考虑社会发展、人口流动及出生率等因素,在中国廉价劳动力的时代已经过去了,餐饮企业不得不面对员工工资占营收的比例不断上升的事实。在这样的压力下,宴会的快速化趋势也是其国际化的要求。通过控制和掌握宴会的时间,宴会不冗长也不拖沓,做到内容丰富,节奏紧凑。这会导致宴会所使用的原料更多地采用集约化生产方式,半成品乃至成品原料将摆上宴会的餐桌,宴会时间过长的弊端将得到控制。

随着东西方烹饪文化交流的不断发展,现代化的宴会观念必将对中国传统宴会产生冲击,这是迎合不同层次、不同客源市场需要的自然选择。烹饪文化的国际交流会给中国烹饪文化的发展带来新的活力。而宴会这样一种形式古老、内容新颖的交流方式会对人类之间的相互理解、合作以及世界和平发挥积极的作用。

### ☞ 案例分享

某公司要举办一个非常重要的小型商务宴会,主要嘉宾均为邀请外籍客人。在洽谈时,主办方负责人员不断修改菜单,并告知酒店餐饮的标准不必顾忌,要体现对客人的重视以及主办方的好客精神是关键;同时在一般宴会菜单上增加了 4

道地方特色菜肴。

嘉宾入场时,对主办方有着浓郁中国南方园林风格的宴会场地设计赞不绝口,宴会在非常融洽氛围中开始,嘉宾之间的交谈热烈。一个小时后,嘉宾对不断端上的菜肴表示惊讶,表示已经不需要了。现场的氛围也逐渐冷清,很多的客人开始看时间并一再婉拒服务人员的服务,甚至陆续有客人向主办方告辞,提前离场。导致主办方后续安排的活动无法开展。

思考:你认为在此案例中,宴会的设计忽略了哪些因素? 多元文化的交流会对宴会设计与策划提出哪些要求?

 **思考与练习**

1. 饮食习俗的产生受到哪些因素的影响?
2. 中式宴会的礼仪和禁忌有哪些?
3. 西式宴会的礼仪和禁忌有哪些?
4. 你如何看待中式宴会的现状?
5. 你认为未来宴会的发展会受到哪些因素的影响?

# 参考文献


[1]陈金标. 宴会设计. 北京:中国轻工业出版社,2002.

[2]朱迪艾伦. 活动策划完全手册. 王向宁等译. 北京:旅游教育出版社,2006.

[3]钟华,刘致良. 餐饮经营管理. 北京:中国轻工业出版社,2011.

[4]马开良. 现代厨房设计与管理. 北京:化学工业出版社,2008.

[5]沈涛,彭涛主编. 菜单设计. 北京:科学出版社,2010.

[6]陈安萍. 旅游饭店利润预算管理模式的调研及应用研究. 会计之友,2011(26).

[7]夏连悦. 现场管理5项任务. 北京:企业管理出版社,2011.

[8]崔学琴,刘菲菲. 酒店物品艺术赏析. 上海:上海交通大学出版社,2011.

[9]贺湘辉. 酒店培训管理. 北京:中国经济出版社,2004.

[10]王济明. 会议型饭店精细化管理. 北京:中国旅游出版社,2009.

[11]Anthony J. Strianese, Pamela P. Strianese. Banque Service & Management. 宿荣江. 旅游教育出版社,2005.

[12]姜文宏,王焕宇. 餐厅服务技能综合实训. 北京:高等教育出版社,2004.

[13]李勇平. 餐饮服务与管理. 北京:东北财经大学出版社,2005.

[14]杨欣主编. 餐饮企业经营管理. 北京:高等教育出版社,2003.

[15]Chunk Y. Gee. 国际饭店管理. 谷慧敏,主译. 北京:中国旅游出版社,2002.

[16]Milton T. Astroff and James R. Abbey. 场馆管理与服务. 北京:中国旅游出版社,

[17]David M. Stipanuk. 饭店设施的管理与设计. 张学珊,主译. 北京:中国旅游出版社,2002.

[18]金辉. 会展营销与服务. 上海:上海交通大学出版社,2003.

[19]Agnes DeFrano, JeAnna Abbott. Catering Management. 北京:清华大学出版社,2006.

[20]Le Cordon Bleu 学院. 葡萄酒鉴赏. 姚汩醽,牟雷,译. 北京:机械工业出版社,2009.

[21]上海餐饮行业协会,http://www.sra.org.cn.

［22］中国饭店业协会,http://www.ch－ra.com.

［23］城之厨网,http://www.citychef.cn.

［24］中国会议产业网,http://www.meetingschina.com.

［25］中国旅游饭店网,http://www.ctha.org.cn.

［26］中国葡萄酒网,http://www.winechina.com.

［27］http://www.hhit.edu.cn/yuanban/jdcs.htm.

［28］大家论坛,www.taopsage.com.

［29］施昌奎.会展经济运营管理模式研究——以"新国展"为例.北京:中国社会科学出版社,2008.

［30］王云玺.会展管理.上海:上海交通大学出版社,2004.

［31］职业餐饮网,www.canyin168.com.

［32］许顺旺.宴会管理:理论与实物.长沙:湖南科学技术出版社,2001.

［33］中国名菜网,http://www.mcw99.com.

［34］黄文刚.餐饮管理.成都:四川大学出版社,2012.

［35］李晓云.酒店宴会与会议业务统筹实训.北京:中国旅游出版社,2012.

［36］罗弘毅,韦桂珍.旅游事故、意外与宾客投诉处理.台北:华立图书股份有限公司,2008.

［37］黄崎.现代酒店工程原理与实务.北京:中国旅游出版社,2012.

［38］杨健.基于"流程分析"的饭店宴会细节管理.华北水利水电学院学报(社科版),2011(5).

［39］陈木丰.基于项目管理理论的餐饮业宴会服务研究.商业经济,2012(5).

［40］周妙林.大型宴会菜单设计与运作管理的研究.中国商贸,2011(36).

［41］凌强.宴会菜单设计探析.黑龙江科技信息,2008(12).

［42］李长亮.星级酒店宴会筹办问题分析.现代经济信息,2009(20).

［43］洪秋艳.论饭店宴会接待过程中的问题及预防与控制.旅游与经济研究,2009(1).

［44］陈祖明,袁静涛,沈涛,等.九寨沟旅游景区风味营养自助餐设计研究.四川烹饪高等专科学校,2009(6).

［45］王鑫.我国自助餐饮市场分析及其营销策略.中国西部科技,2010(35).

［46］仇亚男.自助餐的经济学分析.社科纵横,2009(2).

［47］陈尘.浅谈中国饮食文化对西餐的影响.成功(教育),2011(14).

［48］周妙林.基于餐饮行业的宴会改革与创新.商业经济,2011(11).

［49］马保奉.中国国宴吃什么.人民日报海外版,2010－04－03.

［50］马保奉.外国国宴吃什么.人民日报海外版,2010－04－10.

［51］张清波.中俄宴会礼仪文化对比研究.四川外语学院硕士论文,2011.

［52］中国吃网,http://www.6eat.com.

［53］张鹏鹂.广东省餐饮网络营销的现状、问题与战略选择.战略决策研究,2012(4).

［54］靳馨茹.从财务管理的视角研究我国餐饮行业的发展.经济师,2012(2).

［55］刘超.中国式酒店市场营销百大表格.大连:大连理工大学出版社,2012.